财政部"十三五"规划教材

高等师范教育精品教材系列丛书

U0363870

刘 斌 主编 朱海林 冯希叶 副主编

物 联 网 基 础 教 程

Internet of Things (LoT) Foundation Course

中国财经出版传媒集团

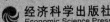

经济科学出版社

Economic Science Press

图书在版编目（CIP）数据

物联网基础教程/刘斌主编 . —北京：经济科学
出版社，2017.8
ISBN 978 - 7 - 5141 - 8287 - 3

Ⅰ. ①物… Ⅱ. ①刘… Ⅲ. ①互联网络 - 应用
②智能技术 - 应用 Ⅳ. ①TP393.4②TP18

中国版本图书馆 CIP 数据核字（2017）第 182420 号

责任编辑：于海汛　周秀霞
责任校对：王苗苗
版式设计：齐　杰
责任印制：潘泽新

物联网基础教程

刘　斌　主　编
朱海林　冯希叶　副主编

经济科学出版社出版、发行　新华书店经销
社址：北京市海淀区阜成路甲 28 号　邮编：100142
总编部电话：010 - 88191217　发行部电话：010 - 88191522
网址：www. esp. com. cn
电子邮件：esp@ esp. com. cn
天猫网店：经济科学出版社旗舰店
网址：http：//jjkxcbs. tmall. com
北京汉德鼎印刷有限公司印刷
三河市华玉装订厂装订
710×1000　16 开　14 印张　250000 字
2017 年 9 月第 1 版　2017 年 9 月第 1 次印刷
印数：0001—2000 册
ISBN 978 - 7 - 5141 - 8287 - 3　定价：35.00 元

总　序

　　随着社会主义市场经济体制的不断完善和高等教育的快速发展，我国教师教育受到党和政府的高度重视。中共中央在《关于深化教育改革全面推进素质教育的决定》中指出："调整师范学校的层次和布局，鼓励综合性高等学校和非师范类高等学校参与培养、培训中小学教师的工作，探索在有条件的综合性高等学校中试办师范学院。"由此，综合性院校成为我国教师教育发展的一支重要力量，推动教师教育体系发生着深刻的变革。同时，为拓展自身生存和发展的空间，提高办学活力，我国大多数师范院校也在增设非师范专业，逐步建构综合性大学，这既是高等教育发展的规律，也是教师教育发展的必然趋势。

　　综合性大学参与教师的培养，可以发挥雄厚的基础学科优势。从开放型的培养体制来看其优点是：教师来源广泛、储备多，能满足各类教育发展的需要；有利于提高师资培养质量，使师范生的学识水平等同于其他大学。师范院校的综合性发展，既培养多种类型的人才，与地区经济建设紧密结合，又增强自身活力，提高自我造血功能；扩展师范生就业门路，增加与其他类高校毕业生平等竞争的机会。因此，教师教育已经成为一个开放的、动态的体系，即以招生为起点，包括职前教育、入职教育和在职教育三个相互关联的阶段的连续统一体，这样可以促进教师在其职业生涯的所有阶段获得其专业发展。

　　呈现在大家面前的这套高等学校教师教育精品教材系列丛书，是探索教师教育改革的新举措，也是编著团队对教师教育科学研究工作的阶段性成果，缩写过程中倾注了作者大量的心血。教材内容具有先进性、科学性和教学适用性，符合新时期教师教育人才培养目标及课程教学的要求，全面、准确地阐述教师教育课程的基本理论、基本知识和基本技能，取材合适、深度适宜、结构严谨、理论联系实际。能够反映本领域国内外科学研究和教学研究的新知识、新成果、新成就、新技术。利于培养学生的自学能力、独立思考能力和创新能力。

教材编写是一项复杂的工作，加之时间紧迫、任务艰巨，难免出现一些疏漏和错误，请读者不吝指正。本教材在编写过程中得到了相关领导和专家的鼎力支持和辛勤付出，以及广大教师、学生的积极参与，在此表示衷心的感谢！

王玉华

齐鲁师范学院校长、教授、博士

前　言

　　物联网是国家新兴战略产业中信息产业发展的核心领域，将在国民经济发展中发挥重要作用。目前，物联网是全球研究的热点问题，国内外都把它的发展提到了国家级的战略高度，称之为继计算机、互联网之后世界信息产业的第三次浪潮。新技术发展需要大批专业技术人才，为适应国家战略性新兴产业发展需要，加大信息网络高级专门人才培养力度，许多高校利用已有的研究基础和教学条件，设置传感网、物联网工程技术专业，或修订人才培养计划，推进课程体系、教学内容、教学方法的改革和创新，以满足新兴产业发展对物联网技术人才的迫切需求。为适应电气信息类相关专业的教学需要，以及社会各界对了解信息网络新技术的迫切要求，我们编写了《物联网基础教程》这本书。

　　从"智慧地球"的理念到"感知中国"的提出，全球一体化、工业自动化和信息化进程不断深入，物联网时代悄然来临。何谓物联网？不同的阶段在不同的场合有不同的描述。目前对物联网比较准确的表述是：通过各种信息传感设备及系统（传感网、射频识别系统、红外感应器、激光扫描器等）、条码与二维码、全球定位系统，按约定的通信协议，将物与物、人与物连接起来，通过各种接入网、互联网进行信息交换，以实现智能化识别、定位、跟踪、监控和管理的一种信息网络。物联网的主要特征是每一个物件都可以寻址，每一个物件都可以控制，每一个物件都可以通信。显然，它是"感知、传输、应用"三项技术相结合的一种产物，是一种全新的信息获取和处理技术。因此，本书将紧紧围绕物联网中"感知、传输、应用"所涉及的三项技术构建物联网技术知识体系，分为基本概念、节点感知、通信网络、支撑技术及系统应用5个部分，比较全面地介绍物联网的概念、实现技术和典型应用。

　　本书作为一本物联网技术的导论性教材，涵盖了当前物联网领域的各种新技术及其研究成果。从宏观上、从顶层介绍物联网技术，使读者能够快速地对物联网技术有一个全面、系统的认识。

　　第一章主要介绍物联网的基本概念、体系结构、软硬件平台系统组成、关键技术，以及主要应用领域与发展。

第二章介绍射频识别（RFID）工作原理、RFID 系统的基本组成以及 RFID 的典型应用。

第三章以传感器及检测技术为背景，重点介绍传感器的基本知识和现代智能检测技术。

第四、五、六章介绍与物联网相关的无线通信与网络技术、传感网及其关键支撑技术等。

第七章介绍云计算工作原理与关键技术、云计算模式下的互联网以及云计算在校园的应用。

第八章详细介绍智慧校园的规划设计及构建。

通过阅读本书，读者不仅可以从技术理论上对物联网有较全面的了解，而且可以根据校园网应用实例对物联网技术有更直观的认识。

内 容 提 要

　　本书由绪论、节点感知、通信网络、关键支撑技术、系统应用五大部分内容组成。第一部分内容主要讨论物联网的基本概念、体系结构、软硬件平台系统组成、关键技术以及应用领域；第二部分内容介绍节点感知识别技术，包括射频识别工作原理、RFID 系统的基本组成及其典型应用、传感器及检测技术等；第三部分内容讲述与物联网相关的通信与网络技术、传感网等内容；第四部分介绍了物联网中涉及的支撑技术，包括云计算技术、中间件技术、物联网安全等技术；第五部分内容介绍了物联网技术在校园中的应用，该部分内容使课程理论与实践紧密地结合起来。

　　本书适合作为高等院校信息类专业物联网技术导论课程的教材或教学参考书，也可作为物联网技术培训教材；由于书中大部分章节都涉及物联网技术在校园中的应用，因此非常适合师范类院校学生学习物联网知识选用。

目　　录

上篇　物联网概述

下篇 物联网关键技术

上篇　物联网概述

第一章　绪　　论

本章重点

- 物联网体系结构
- 物联网的基本组成
- 物联网的关键技术

本章主要介绍物联网的概念、物联网的体系结构、物联网的关键技术和物联网的发展，使初学者能够尽快了解物联网的框架体系和物联网相关技术内容。

本章将分析讨论物联网的基本内涵，介绍对物联网的各种描述，以期望通过对比关于物联网的不同描述，给出一个关于物联网的整体框架，使读者能够对物联网有一个比较全面而准确的认识。

第一节　什么是物联网

比尔·盖茨在 1995 年出版的《未来之路》一书中最早提到了物联网的概念。该书提出了"物－物"相联的物联网雏形，只是当时受限于无线网络、硬件及传感器设备的发展，并未引起世人的重视。

1998 年，美国麻省理工学院（MIT）创造性地提出了当时被称为 EPC（Electronic Product Code）系统的"物联网"构想。1999 年，美国 Auto－ID 首先提出"物联网"的概念，主要建立在物品编码、射频识别（Radio Frequency Identification，RFID）技术和互联网的基础上。此时的物联网定义是指把所有物品通过射频识别等信息传感设备与互联网连接起来，实现智能化识别与管理。即物联网是指各类传感器与现有互联网相互衔接的一种新技术。

2005 年，国际电信联盟（ITU）在《ITU 互联网报告 2005：物联网》中，正式提出了"物联网"的概念。报告指出，无所不在的"物联网"通信时代即将来临，世界上所有的物体从轮胎到牙刷、从房屋到纸巾都可以通过物联网主动进行交换。射频识别技术、传感器技术、纳米技术、智能嵌入技术将得到更加广泛的应用。

2008 年 3 月在苏黎世举行了全球首届国际物联网会议——"物联网 2008"，探讨了"物联网"的新理念和新技术，以及如何推进"物联网"发展。时任美国总统奥巴马与美国工商业领袖举行了一次"圆桌会议"，IBM 首席执行官彭明盛在此次会议中首次提出"智慧地球"的概念，建议新政府投资新一代的智慧型基础设施，并阐明了其短期和长期效益。"智慧地球"的概念一经提出，得到了美国各界的高度关注，甚至有分析认为，IBM 公司的这一构想将有可能上升至美国的国家战略，并在世界范围内引起轰动。

2009 年 8 月 7 日中国前总理温家宝在无锡微纳传感网工程技术研发中心视察并发表重要讲话，"在传感网发展中，要早一点谋划未来，早一点攻破核心技术"，提出了"感知中国"的理念，这标志着政府对物联网产业的关注和支持力度已提升到国家战略层面。2009 年 9 月 11 日在北京举行了"传感器网络标准工作组成立大会暨感知中国高峰论坛"，会议上提出了传感网发展的一些相关政策。2009 年 11 月 12 日，中国移动与无锡市人民政府签署"共同推进 TD–SCDMA 与物联网融合"战略合作协议，中国移动将在无锡成立中国移动物联网研究院，重点开展 TD–SCDMA 与物联网融合的技术研究与应用开发。

2010 年初，我国正式成立了传感（物联）网技术产业联盟。同时，工信部也宣布将牵头成立一个全国推进物联网的部级领导协调小组，以加快物联网产业化进程。2010 年 3 月 2 日，上海物联网中心正式揭牌。温家宝总理在《2010 年政府工作报告》中明确提出："今年要大力培育战略性新兴产业；要大力发展新能源、新材料、节能环保、生物医药、信息网络和高端制造产业；积极推进新能源汽车、电信网、广播电视网和互联网的三网融合取得实质性进展，加快物联网的研发应用；加大对战略性新兴产业的投入和政策支持。"

一、物联网的定义

物联网概念出现以后，其内涵在不断地发展与完善。目前，对于"物联网"的准确定义尚未形成比较权威的表述。

（一）物联网的定义

目前，关于物联网（IOT）比较准确的定义是：物联网是通过各种信息传感设备及系统（传感网、射频识别系统、红外感应器、激光扫描器等）、条码与二维码、全球定位系统，按约定的通信协议，将物与物、人与物、人与人连接起来，通过各种接入网、互联网进行信息交换，以实现智能化识别、定位、跟踪、监控和管理的一种信息网络。该定义的核心表述了物联网的主要特征是每一个物件都可以寻址，每一个物件都可以控制，每一个物件都可以通信。

物联网的上述定义包含了以下三个主要含义：

（1）物联网是指对具有全面感知能力的物体及人的互联集合。两个或两个以上物体如果能交换信息即可称为物联。使物体具有感知能力需要在物品上安装不同类型的识别装置，如电子标签、条码与二维码等，或通过传感器、红外感应器等感知其存在。同时，这一概念也排除网络系统中的主从关系，能够自组织。

（2）物联必须遵循约定的通信协议，并通过相应的软、硬件实现。互联的物品要互相交换信息，就需要实现不同系统中的实体的通信。为了实现相互通信，它们必须遵守相关的通信协议，同时需要相应的软件、硬件来实现这些协议规则，并可以通过现有的各种接入网与互联网进行信息交换。

（3）物联网可以实现对各种物品（包括人）进行智能化识别、定位、跟踪、监控和管理等功能。这也是组建物联网的目的。

也就是说，物联网是通过各种接口与无线接入网相连，进而接入互联网，从而给物体赋予智能，可以实现人与物体、物体与物体相互间的沟通和对话，实现对物体全面感知能力，对数据可靠传送和智能处理的物物相连的信息网络。

（二）物联网的其他定义

目前，对于支持人与人、人与物、物与物广泛互联，实现人与客观世界的全面信息交互的全新网络如何命名，存在着物联网、传感网、泛在网三个概念之争。有关物联网的概念比较有代表性的表述有以下几种。

（1）麻省理工学院（MIT）最早提出的物联网概念。在 1999 年，MIT 的 Auto‐ID 研究中心首先提出："把所有物品通过射频识别（RFID）和条码等信息传感设备与互联网连接起来，实现智能化识别和管理"。其核心是 RFID 技术和互联网的综合应用。RFID 标签是早期物联网最为关键的技术与产品，当时认为物联网最大规模、最有前景的应用就是在零售和物流领域。而利用 RFID 技术，就可以通过计算机互联网实现物品（商品）的自动识别、互联与信息资源共享。

（2）国际电信联盟（ITU）对物联网的定义。2005 年，国际电信联盟（ITU）在 *The Internet of Things* 报告中对物联网概念进行了扩展，提出了任意物体之间随时随地的互联，无所不在的网络和无所不在的计算的发展愿景，如图 1‐1 所示。图 1‐1 显示了物联网在任何时间、环境，任何物品、人、企业、商业，采用任何通信方式（包括汇聚、连接、收集、计算等），以满足所提供的任何服务的要求。按照 ITU 给出的这个定义，物联网主要解决物品到物品（Thing to Thing，T2T）、人到物品（Human to Thing，H2T）、人到人（Human to Human，H2H）之间的互联。与传统互联网最大的区别是，H2T 是指人利用通用装置与物品之间的连接，H2H 是指人与人之间不依赖于个人计算机而进行的互联。需要利用物联网才能解决的是传统意义上的互联网没有考虑的、对于任何物品连接的问题。

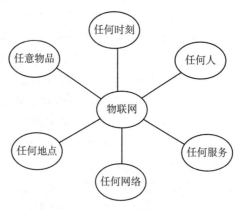

图 1-1　ITU 物联网示意图

（3）欧洲智能系统集成技术平台（EPoSS）报告对物联网的阐释。2008 年 5 月 27 日，欧洲智能系统集成技术平台（EPoSS）在其发布的报告 Internet of Things in 2020 中，分析预测了物联网的发展趋势。该报告认为："由具有标识、虚拟个性的物体/对象所组成的网络，这些标识和个性等信息在智能空间使用智慧的接口与用户、社会和环境进行通信"。这个阐释强调了 RFID 和相关的识别技术是未来物联网的基石，并侧重于 RFID 的应用及物体的智能化。

（4）欧盟第七框架计划（7th Framework Programme，FP7）下 RFID 和物联网研究项目组对物联网的定义："物联网是未来互联网的一个组成部分，可以定义为基于标准的和交互通信协议的且具有自配置能力的动态全球网络基础设施，在物联网内物埋和虚拟的'物件'具有身份、物理属性、拟人化等特征，它们能够被一个综合的信息网络所连接"。

欧盟第 7 框架下 RFID 和物联网研究项目组的主要任务是：①实现欧洲内部不同 RFID 和物联网项目之间的组网；②协调包括 RFID 在内的物联网的研究活动；③对专业技术平衡，以使得研究效果最大化；④在项目之间建立协同机制。

总而言之，通过以上对物联网的表述可知，"物联网"的内涵起源于利用 RFID 技术对客观物体进行标识并利用网络进行数据交换，不断扩充、延伸和完善而逐步形成，并且还在丰富、发展、完善之中。

(三) 无线传感网

无线传感网络是物联网的重要组成部分，无线传感网（Wireless Sensor Network，WSN）简称传感网。传感网是由若干具有无线通信与计算能力的感知节点，以网络为信息传递载体，实现对物理世界的全面感知而构成的自组织分布式网络。传感网的突出特征是采用智能计算技术对信息进行分析处理，从而提升对物质世界的感知能力，实现智能化的决策和控制。

传感网作为传感器、通信和计算机三项技术密切结合的产物，是一种全新的数据获取和处理技术。传感网的定义包含以下三个含义：

（1）传感网的感知节点包含传感器节点（Sensor Node）、汇聚节点（Sink Node）和管理节点，且必须具备无线通信与计算能力。

（2）大量传感器节点随机部署在感知区域（Sensor Field）内部或附近，并且能通过自组织方式构成分布式网络。

（3）传感器节点感知的数据沿其他传感器节点逐跳进行传输，在经过多跳路由后到达汇聚节点，最后可通过互联网或其他通信网络传输到管理节点。传感网拥有者通过管理节点对传感网进行配置和管理，收集监测数据及发布监测控制任务，实现智能化的决策和控制。协同感知、采集、处理和发布感知信息是传感网的基本功能。

二、物联网的内涵

目前，存在不同的物联网定义形式，如果我们从其技术及其应用方面来理解物联网的定义可能会更为准确、更具有现实意义。

(一) 物联网产生的主要原因

物联网的产生有其技术发展的原因，有其应用环境和经济背景的需求。物联网之所以在当前被称为第三次信息革命浪潮，主要源于以下三个方面。

（1）经济危机催生新产业革命。2009 年全球爆发的金融危机使全球经济陷入停滞不前的局面，按照经济增长理论，每一次的经济低谷必定会催生某些新技术的发展，而这种新技术一定可以为绝大多数工业产业提供一种全新的应用价值，从而带动新一轮的消费增长和高额的产业投资，以触动新经济周期的形成。美国、日本、欧盟等均已将注意力转向新兴产业，并给予前所未有的强有力政策支持。

（2）传感网技术的广泛应用。由于近年来微型制造技术、通信技术及电池技术的改进，促使微小的智能传感器具有感知、无线通信及信息处理的能力。如常见的无线传感器、射频识别（RFID）、电子标签等技术。传感网能够实现数据的采集量化、融合处理和传输，它综合了微电子技术、现代网络及无线通信技术、嵌入式计算技术、分布式信息处理技术等先进技术，兼具感知、运算与网络通信能力，通过传感器检测周边环境，如温度、湿度、光照度、气体浓度、震动幅度等，并通过无线网络将收集到的信息传送给监控者；监控者解读信息后，便可掌握现场状况，进而维护、调整相关系统。

(3) 网络接入和数据处理能力已能够满足多媒体信息传输处理的需求。目前，随着信息网络接入多样化、IP 宽带化和计算机软件技术的飞速发展，对于海量数据采集融合、聚类或分类处理的能力大大提高。以宽带化、多媒体化、个性化为特征的移动型信息服务业务，成为公众无线通信持续高速发展的源动力，同时也对未来移动通信技术的发展提出了巨大挑战。当前，第四代移动通信系统（4G）已经进入广泛的商业化应用阶段，5G 的相关技术和标准已进入实质性研发试用阶段，可以说，网络接入和数据处理能力能够满足构建物联网进行多媒体信息传输与处理需求。

（二）物联网技术基础

从技术层面上看，物联网是指物体通过智能感知装置，经过传输网络，到达指定数据处理中心，实现人与人、物与物、人与物之间信息交互与处理的智能化网络。如果将传感器的概念进一步扩展，把射频识别、二维条码等信息的读取设备、音视频录入设备等数据采集设备都认为是一种传感器，并提升到智能感知水平，则范围扩展后的传感网络也可以认为是物联网。从 ITU – T、ISO/IEC JTC1 SC6 等国际标准化组织对感知网络、物联网定义和标准化范围来看，传感网与物联网是一个概念的两种不同表述，都是依托各种信息设备实现物理世界和信息世界的无缝融合。我们可以认为目前为人所熟知的"物联网"和"传感网"均是以智能传感器、RFID 等客观世界标识和感知技术，借助于无线通信技术、互联网、移动通信网络等实现人与物理世界的信息交互。

（三）物联网的应用和发展

纵观信息网络发展应用过程，可以认为物联网是网络的应用延伸，物联网不是网络而是应用和业务。把世界上所有的物品都连接到一个网络中，形成"物联网"，其主要特征是每一个物品都可以寻址，每一个物品都可以控制，每一个物品都可以通信。因此，也可以认为物联网是信息网络上的一种扩展应用。

从应用的角度来看，物联网主要是在提升数据传送效率、改善民生、提高生产率、降低企业管理成本等方面发挥重要作用。例如，就电信运营的产业链而言，物联网的内涵主要是基于特定的终端，以有线或无线（IP/CDMA）等接入手段，为集团和家庭客户提供机器到机器、机器到人的解决方案，满足客户对生产过程/家居生活监控、指挥调度、远程数据采集和测量、远程诊断等方面的信息化需求。

　　应用是技术进步的源动力，只有具有广阔的应用前景，技术才能得以发展。在目前技术背景、政府高度重视的大环境下，社会各领域都在深度挖掘物联网应用价值和产业链效益。

（四）物联网与其他网络之间的关系

　　通过对现有各种网络概念的讨论可知，物联网是一种关于人与物、物与物广泛互联，实现人与客观世界进行信息交互的信息网络。传感网是利用传感器作为节点，以专门的无线通信协议实现物品之间连接的自组织网络。泛在网是面向泛在应用的各种异构网络的集合，强调跨网之间的互联互通和数据融合/聚类与应用。互联网是指通过 TCP/IP 协议将异种计算机网络连接起来实现资源共享的网络技术，实现的是人与人之间的通信。物联网与现有的其他网络（如传感网、互联网、泛在网络以及其他网络通信技术）之间的关系如图 1 - 2 所示。

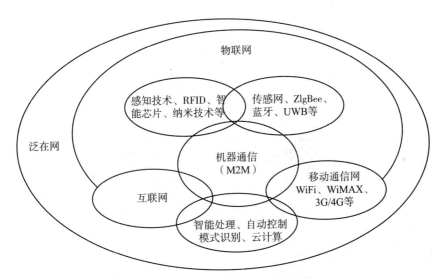

图 1 - 2　物联网与其他网络及通信技术

　　由图 1 - 2 可以看出物联网与其他网络及通信技术之间的包容、交互作用关系。物联网隶属于泛在网，但不等同于泛在网，它只是泛在网的一部分。物联网涵盖了物品之间通过感知设施连接起来的传感网，不论它是否接入互联网，都属于物联网的范畴。传感网可以不接入互联网，但当需要时，随时可利用各种接入网接入互联网。互联网（包括下一代互联网）、移动通信网等可作为物联网的核心承载网。

三、物联网的基本属性

目前对物联网概念的表述，可以将其核心要素归纳为"感知、传输、智能、控制"。即物联网具有以下四个重要属性：

（1）全面感知：利用 RFID、传感器、二维码等智能感知设施，可随时随地感知、获取物体的信息。

（2）可靠传输：通过各种信息网络与计算机网络的融合，将物体的信息实时准确地传送到目的地。

（3）智能处理：利用数据融合及处理、云计算等各种计算技术，对海量的分布式数据信息进行分析、融合和处理，向用户提供信息服务。

（4）自动控制：利用模糊识别等智能控制技术对物体实施智能化控制和利用。最终形成物理、数字、虚拟世界和社会共生互动的智能社会，如图 1－3 所示。

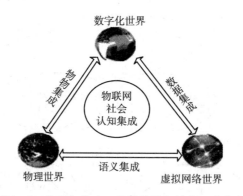

图 1－3　物理、数字、虚拟世界和社会互动共生

四、物联网的主要类型

物联网可以借助计算机网络划分为专用网和公用网的分类方法，按照接入方式、应用类型等进行简单分类，以便于建设、发展和应用。

按照物联网的用户范围不同，可将其分为公用物联网和专用物联网。公用物联网是指为满足大众生活和信息需求提供物联网服务的网络；专用物联网是指满足企业、团体或个人特色应用，有针对性地提供专业性业务应用的物联网。专用物联网可以利用公用网络（如计算机互联网）、专网（局域网、企业网络或公用网中的专享资源）等进行数据传输。也可以按照网络的隶属关系及管理权限等因素划分。

按照接入网络的复杂程度，物联网可分为简单接入和多跳接入网络。简单接入是指在感知设施获取信息后直接通过有线或无线方式将数据直接发送至承载网络。目前 RFID 读写设备主要采用简单接入方式，简单接入方式可用于终端设备分散、数据量较小的应用场合。多跳接入是指利用传感网（WSN）技术，将具有无线通信与计算能力的微小传感器节点通过自组织方式，根据环境的变化，自主地完成网络自适应组织和数据的传送。由于节点间距离较短，一般多采用多跳方式进行通信。而后传感网络将数据通过接入网关传送到承载网络。多跳接入方式适用于终端设备相对集中、终端与网络间数据传输量较小的场合。采用多跳接入方式可以降低末端感知节点、接入网和承载网络的建设投资和应用成本，提升接入网络的健壮性。

若按照应用类型进行划分，物联网可分为数据采集应用、自动化控制应用、日常便利性应用以及定位类应用等物联网。

第二节 物联网的体系结构

物联网作为新兴的信息网络技术，将会对 IT 产业发展起到巨大的推动作用。然而，由于物联网尚处在起步阶段，还没有一个广泛认同的体系结构。在公开发表物联网应用系统中，相关研究人员提出了若干物联网体系结构。例如，物品万维网（Web of Things，WoT）的体系结构，它定义了一种面向应用的物联网，把万维网服务嵌入到系统中，可以采用简单的万维网服务形式使用物联网。

当前，较具代表性的物联网架构有欧美支持的 EPC Global 物联网体系架构。我国也积极参与了物联网体系结构的研究，正在积极制订符合社会发展实际情况的物联网标准和架构。

一、物联网的自主体系结构

为了适应异构物联网无线通信环境需要，盖伊·皮若尔（Guy Pujolle）在电气和电子工程师协会（IEEE）2006 年现代计算国际学术讨论会做的《物联网的自主式体系结构》发言中，提出了一种采用自主通信技术的物联网自主体系结构，如图 1 - 4 所示。所谓自主通信是指以自主件（Self Ware）为核心的通信，自主件在端到端层次以及中间节点，执行网络控制面已知或者新出现的任务，自主件可以确保通信系统的可进化特性。

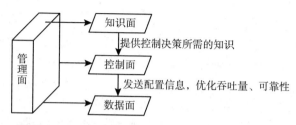

图1-4 采用自主通信技术的物联网体系结构

由图1-4得知，物联网的这种自主体系结构由数据面、控制面、知识面和管理面四个面组成。数据面主要用于数据分组的传送。控制面通过向数据面发送配置信息，优化数据面的吞吐量，提高可靠性。知识面是最重要的一个面，它提供整个网络信息的完整视图，并且提炼成为网络系统的知识，用于指导控制面的适应性控制。管理面用于协调数据面、控制面和知识面的交互，提供物联网的自主能力。

如图1-5所示的自主体系结构中，其自主特征主要是由STP/SP协议栈和智能层取代了传统的TCP/IP协议栈。其中STP表示智能传输协议（Smart Transport Protocol），SP表示智能协议（Smart Protocol）。物联网节点的智能层主要用于协商交互节点之间STP/SP的选择，优化无线链路之上的通信和数据传输，以满足异构物联网设备之间的联网需求。

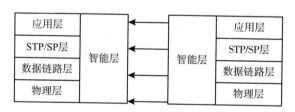

图1-5 实现STP/SP协议栈的自主体系结构

这种面向物联网的自主体系结构所涉及的协议栈比较复杂，只能适用于计算资源较为充裕的物联网节点。

二、物联网的EPC体系结构

随着全球经济一体化和信息网络化进程的加快，为满足对单个物品的标识和高效识别，美国麻省理工学院的自动识别实验室（Auto-ID）在美国统一代码协会（UCC）的支持下，提出在计算机互联网的基础上，利用RFID和无线通信技术，构造一个覆盖世界万物的系统。同时还提出了电子产品代码（Electronic Product Code，EPC）的概念，即每个对象都将赋予一个唯一的 EPC，并由采用射频识别技术的信息系统管理，彼此联系，数据传输和数据储存由 EPC 网络来处理。随后，国际物品编码协会（EAN）和美国统一代码协会（UCC）于 2003 年 9 月联合成立了非营利性组织 EPC Global，将 EPC 纳入了全球统一标识系统，实现了全球统一标识系统中的 GTIN 编码体系与 EPC 概念的完美结合。

EPC Global 提出物联网主要由 EPC 编码体系、射频识别系统和信息网络系统三部分组成。

（一）EPC 编码体系

物联网实现的是全球物品的信息实时共享。首先要做的是实现全球物品的统一编码，即对在地球上任何地方生产出来的任何一件物品，都要给它打上电子标签。这种电子标签携带有一个电子产品代码，并且全球唯一。电子标签代表该物品的基本识别信息，例如"A 公司于 B 时间在 C 地点生产的 D 类产品的第 E 件"。目前，欧美支持的 EPC 编码和日本支持的 UID（Ubiquitous Identification）编码是两种常见的电子产品编码体系。

（二）射频识别系统

射频识别系统包括 EPC 标签和读写器。EPC 标签是编号（每件商品唯一的号码，即牌照）的载体，当 EPC 标签贴在物品上或内嵌在物品中时，该物品与 EPC 标签中的产品电子代码就建立起了一对一的映射关系。EPC 标签从本质上来说是一个电子标签，通过 RFID 读写器可以对 EPC 标签内存信息进行读取。这个内存信息通常就是产品电子代码。产品电子代码经读写器报送给物联网中间件，经处理后存储在分布式数据库中。用户查询物品信息时只要在网络浏览器的地址栏中，输入物品名称、生产商和供货商等数据，就可以实时获悉物品在供应链中的状况。目前，与此相关的标准已制定，包括电子标签的封装标准，电子标签和读写器间数据交互标准等。

（三）EPC 信息网络系统

EPC 信息网络系统包括 EPC 中间件、EPC 信息发现服务和 EPC 信息服务三部分。

EPC 中间件通常指一个通用平台和接口，是连接 RFID 读写器和信息系统的纽带。它主要用于实现 RFID 读写器和后端应用系统之间信息交互、捕获实时信息和事件，或向上传送给后端应用数据库软件系统以及 ERP 系统等，或向下传送给 RFID 读写器。

EPC 信息发现服务（Discovery Service）包括对象名解析服务（Object Name Service，ONS）以及配套服务，基于电子产品代码，获取 EPC 数据访问通道信息。目前，根 ONS 系统和配套的发现服务系统由 EPC Global 委托 Verisign 公司进行运维，其接口标准正在形成之中。

EPC 信息服务（EPC Information Service，EPC IS）即 EPC 系统的软件支持系统，用以实现最终用户在物联网环境下交互 EPC 信息。关于 EPC IS 的接口和标准也正在制订中。

一个 EPC 物联网体系架构主要由 EPC 编码、EPC 标签及 RFID 读写器、中间件系统、ONS 服务器和 EPC IS 服务器等部分构成，如图 1-6 所示。

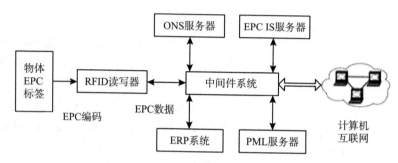

图 1-6 EPC 物联网体系架构示意图

由图 1-6 可以看到一个企业物联网应用系统的基本架构。该应用系统由三大部分组成，即 RFID 识别系统、中间件系统和计算机互联网系统。其中 RFID 识别系统包含 EPC 标签和 RFID 读写器，两者通过 RFID 空中接口通信，EPC 标签贴于每件物品上。中间件系统含有 EPC IS、PML 和 ONS 及其缓存系统，其后端应用数据库软件系统还包含 ERP 系统等，由于系统与计算机互联网相连，故可及时有效地跟踪、查询、修改或增减数据。

RFID 读写器从含有一个 EPC 或一系列 EPC 的标签上读取物品的电子代码，然后将读取的物品电子代码送到中间件系统中进行处理。如果读取的数据量较大而中间件系统处理不及时，可应用 ONS 来储存部分读取数据。中间件系统以该 EPC 数据为信息源，在本地 ONS 服务器获取包含该产品信息的 EPC 信息服务器的网络地址。当本地 ONS 不能查阅到 EPC 编码所对应的 EPC 信息服务器地址时，可向远程 ONS 发送解析请求，获取物品的对象名称，继而通过 EPC 信息服务的各种接口获得物品信息的各种相关服务。整个 EPC 网络系统借助计算机互联网系统，利用在互联网基础上发展产生的通信协议和描述语言而运行。因此，也可以说物联网是架构在互联网基础上的关于各种物理产品信息服务的总和。

综上所述，EPC 物联网系统是在计算机互联网基础上，通过中间件系统、对象名解析服务（ONS）和 EPC 信息服务（EPC IS）来实现物物互联的。

三、物联网体系结构构建原则

研究物联网的体系结构，首先需要明确架构物联网体系结构的基本原则，以便在已有物联网体系结构的基础之上，形成参考标准。

（一）物联网体系结构架构原则

物联网有别于互联网，互联网的主要目的是构建一个全球性的计算机通信网络，物联网则主要是从应用出发，利用互联网和无线通信技术进行业务数据的传送，是互联网、移动通信网应用的延伸，是自动化控制、遥控遥测和信息应用技术的综合展现。当物联网与近程通信、信息采集、网络技术、用户终端设备结合之后，其价值才能逐步得到展现。因此，设计物联网体系结构应该遵循以下几条原则：

1. 多样性原则

物联网体系结构必须根据物联网的服务类型、节点的不同，分别设计多种类型的体系结构，不能也没有必要建立起唯一的标准体系结构。

2. 时空性原则

物联网尚在发展之中，其体系结构应能满足在时间、空间和能源方面的需求。

3. 互联性原则

物联网体系结构需要平滑地与互联网实现互联互通，不要试图另行设计一套互联通信协议及其描述语言。

4. 扩展性原则

对于物联网体系结构的架构，应该具有一定的扩展性，以便最大限度地利用现有网络通信基础设施，保护已投资利益。

5. 安全性原则

物物互联之后，物联网的安全性将比计算机互联网的安全性更为重要，因此物联网的体系结构应能够防御大范围的网络攻击。

6. 健壮性原则

物联网体系结构应具备相当好的健壮性和可靠性。

（二）一种实用的层次性物联网体系结构

以上从具体应用角度讨论了物联网的系统结构，但这类结构无法构成一个通用的物联网系统。根据物联网的服务类型和节点等情况，下面给出一个由感知层、接入层、网络层和应用层组成的四层物联网体系结构，如图 1-7 所示。

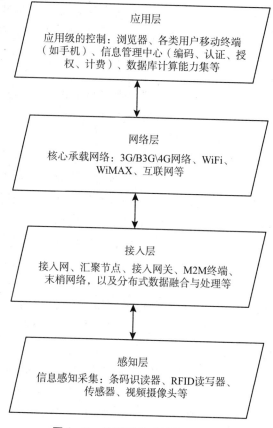

图1-7 物联网体系结构示意图

1. 感知层

感知层的主要功能是信息感知与采集，主要包括二维码标签和识读器、RFID标签和读写器、摄像头、各种传感器（如温度感应器、声音感应器、振动感应器、压力感应器等）和视频摄像头等，完成物联网应用的数据感知和设施控制。

2. 接入层

接入层由基站节点或汇聚节点（Sink）和接入网关（Access Gateway）等组成，完成末梢各节点的组网控制和数据融合、汇聚，或完成向末梢节点下发信息的转发等功能。即在末梢节点之间完成组网后，如果末梢节点需要上传数据，则将数据发送给基站节点，基站节点收到数据后，通过接入网关完成和承载网络的连接，当应用层需要下传数据时，接入网关收到承载网络的数据后，由基站节点将数据发送给末梢节点，从而完成末梢节点与承载网络之间的信息转发和交互。

接入层的功能主要由传感网（由大量各类传感器节点组成的自治网络）来承担。

3. 网络层

网络层是核心承载网络，承担物联网接入层与应用层之间的数据通信任务。它主要包括现行的通信网络，如 2G、3G/B3G 和 4G 移动通信网，或者是互联网、WiFi、WiMAX、无线城域网（Wireless Metropolitan Area Network，WMAN）和企业专用网等。

4. 应用层

应用层由各种应用服务器组成（包括数据库服务器），其主要功能包括对采集数据的汇聚、转换和分析，以及用户层呈现的适配和事件触发等。对于信息采集，由于从末梢节点获取了大量原始数据，且这些原始数据对于用户来说只有经过转换、筛选、分析处理后才有实际价值。这些应用服务器根据用户的呈现设备完成信息呈现的适配，并根据用户的设置触发相关的通告信息。同时，当需要完成对末梢节点的控制时，应用层还能完成控制指令生成和指令下发控制。

应用层要为用户提供物联网应用 UI 接口，包括用户设备（如 PC、手机）和客户端浏览器等。

除此之外，应用层还包括物联网管理中心和信息中心等，利用下一代互联网技术对海量数据进行智能处理的云计算功能。

第三节　物联网系统的基本组成

计算机互联网可以把世界上不同角落、不同国家的人们通过计算机紧密地联系在一起，而采用感知识别技术的物联网则可以把世界上所有国家、不同地区的物品联系在一起，彼此之间可以互相"交流"数据信息，从而形成一个全球性物物相互联系的智能社会。

从不同的角度看物联网会有多种类型，不同类型的物联网，其软硬件平台组成也会有所不同。从其系统组成来看，可以把它分为软件平台和硬件平台两大系统。

一、物联网硬件平台组成

物联网是以数据为中心的面向应用的网络，主要完成信息感知、数据处理、数据回传以及决策支持等功能，其硬件平台可由传感网、核心承载网和信息服务系统等几个大的部分组成。系统硬件平台组成示意图如图 1-8 所示。其中，传感网包括感知节点（数据采集、控制）和末梢网络（汇聚节点、接入网关等）；核心承载网是物联网业务的基础通信网络；信息服务系统硬件设施主要负责信息的处理和决策支持。

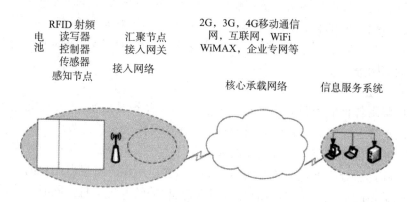

RFID 射频
电 读写器   汇聚节点   2G，3G，4G移动通信
池   控制器   接入网关   网，互联网，WiFi
     传感器   WiMAX，企业专网等

     感知节点   接入网络   核心承载网络   信息服务系统

图 1-8　物联网硬件平台示意图

（一）感知节点

感知节点由各种类型的采集和控制模块组成，如温度传感器、声音传感器、振动传感器、压力传感器、RFID 读写器和二维码识读器等，用以完成物联网应用的数据采集和设备控制等功能。

感知节点的组成包括 4 个基本单元：传感单元（由传感器和模数转换功能模块组成，如 RFID、二维码识读设备和温感设备等）、处理单元（由嵌入式系统构成，包括 CPU 微处理器、存储器和嵌入式操作系统等）、通信单元（由无线通信模块组成，实现末梢节点间以及它们与会聚节点间的通信），以及电源/供电部分。感知节点综合了传感器技术、嵌入式计算技术、智能组网技术、无线通信技术和分布式信息处理技术等，能够通过各类集成化的微型传感器协作地实时监测、感知和采集各种环境或监测对象的信息，通过嵌入式系统对信息进行处理，并通过随机自组织无线通信网络以多跳中继方式将所感知信息传送到接入层的基站节点和接入网关，最终到达信息应用服务系统。

（二）接入网络

接入网络包括汇聚节点、接入网关等，完成应用末梢感知节点的组网控制和数据汇聚，或完成向感知节点发送数据的转发等功能。也就是在感知节点之间组网之后，如果感知节点需要上传数据，则将数据发送给汇聚节点（基站），汇聚节点收到数据后，通过接入网关完成和承载网络的连接；当用户应用系统需要下发控制信息时，接入网关接收到承载网络的数据后，由汇聚节点将数据发送给感知节点，完成感知节点与承载网络之间的数据转发和交互功能。

感知节点与末梢网络承担物联网的信息采集和控制任务，构成传感网，实现传感网的功能。

（三）核心承载网

核心承载网主要承担接入网与信息服务系统之间的数据通信任务。根据具体应用需要，承载网可以是公共通信网，如 2G、3G、4G 移动通信网、WiFi、WiMAX、互联网以及企业专用网，甚至是新建的专用于物联网的通信网。

（四）信息服务系统硬件设施

物联网信息服务系统硬件设施由各种应用服务器（包括数据库服务器）组成，还包括用户设备（如 PC、手机）、客户端等，主要用于对采集数据的融合、汇聚、转换、分析，以及对用户呈现的适配和事件的触发等。对于信息采集，由于从感知节点获取的是大量的原始数据，这些原始数据对用户来说只有经过转换、筛选、分析处理后才有实际价值。对有实际价值的信息，由服务器根据用户端设备进行信息呈现的适配，并根据用户的设置触发相关的通知信息，当需要对末端节点进行控制时，信息服务系统硬件设施生成控制指令并发送，以进行控制。

二、物联网软件平台组成

物联网系统既包括硬件平台也包括软件平台系统，软件平台相当于物联网的神经系统。不同类型的物联网，其用途是不同的，其软件系统平台也不相同，但软件系统的实现技术与硬件平台密切相关。相对硬件技术而言，软件平台开发及实现更具有特色。一般来说，物联网软件平台建立在分层的通信协议体系之上，通常包括数据感知系统软件、中间件系统软件、网络操作系统（包括嵌入式系统）以及物联网管理和信息中心（包括机构物联网管理中心、国家物联网管理中心、国际物联网管理中心及其信息中心）的管理信息系统（Management Information System，MIS）等。

（一）数据感知系统软件

数据感知系统软件主要完成物品的识别和物品 EPC 码的采集和处理，主要由企业生产的物品、物品电子标签、传感器、读写器、控制器和物品代码（EPC）等部分组成。存储有 EPC 码的电子标签在经过读写器的感应区域时，其中的物品 EPC 码会自动被读写器捕获，从而实现 EPC 信息采集的自动化，所采集的数据交由上位机信息采集软件进行进一步处理，如数据校对、数据过滤、数据完整性检查等，经过整理的数据可以为物联网中间件和应用管理系统使用。对于物品电子标签，国际上多采用 EPC 标签，用 PML 语言来标记每一个实体和物品。

（二）物联网中间件系统软件

中间件是位于数据感知设施（读写器）与后台应用软件之间的一种应用系统软件。中间件具有两个关键特征：一是为系统应用提供平台服务，这是基本条件；二是需要连接到网络操作系统，并且保持运行工作状态。中间件为物联网应用提供一系列计算和数据处理功能，主要任务是对感知系统采集的数据进行捕获、过滤、汇聚、计算、数据校对、解调、数据传送、数据存储和任务管理，减少从感知系统向应用系统中心传送的数据量。同时，中间件还可提供与其他 RFID 支撑软件系统进行互操作等功能。引入中间件使得原先后台应用软件系统与读写器之间非标准的、非开放的通信接口，变成了后台应用软件系统与中间件之间，读写器与中间件之间标准的、开放的通信接口。

一般地，物联网中间件系统包含有读写器接口、事件管理器、应用程序接口、目标信息服务和对象名解析服务等功能模块。

（1）读写器接口。物联网中间件必须优先为各种形式的读写器提供集成功能。协议处理器确保中间件能够通过各种网络通信方案连接到 RFID 读写器。RFID 读写器与其应用程序间通过普通接口相互作用的标准，大多数采用由 EPC - global 组织制定的标准。

（2）事件管理器。事件管理器用来对读写器接口的 RFID 数据进行过滤、汇聚和排序操作，并通告数据与外部系统相关联的内容。

（3）应用程序接口。应用程序接口是应用程序系统控制读写器的一种接口，同时需要中间件能够支持各种标准的协议（如支持 RFID 以及配套设备的信息交互和管理），同时还要屏蔽前端的复杂性，尤其是前端硬件（如 RFID 读写器等）的复杂性。

（4）目标信息服务。目标信息服务由两部分组成：一是目标存储库，用于存储与标签物品有关的信息并使之能用于以后查询；另一个是拥有为提供由目标存储库管理的信息接口的服务引擎。

（5）对象名解析服务。对象名解析服务（ONS）是一种目录服务，主要是将对每个带标签物品所分配的唯一编码，与一个或者多个拥有关于物品更多信息的目标信息服务的网络定位地址进行匹配。

（三）网络操作系统

物联网通过互联网实现物理世界中的任何物品的互联，在任何地方、任何时间可识别任何物品，使物品成为附有动态信息的"智能产品"，并使物品信息流和物流完全同步，从而为物品信息共享提供一个高效、快捷的网络通信及云计算平台。

（四）物联网信息管理系统

目前，物联网大多数是基于 SNMP 建设的管理系统，提供对象名解析服务（ONS）。ONS 类似于互联网的 DNS，要有授权，并且有一定的组成架构。它能把每一种物品的编码进行解析，再通过 URL 服务获得相关物品的进一步信息。

企业物联网信息管理中心负责管理本地物联网，它是最基本的物联网信息服务管理中心，为本地用户提供管理、规划及解析服务。国家物联网信息管理中心负责制定和发布国家总体标准，负责与国际物联网互联，并且对企业物联网管理中心进行管理。国际物联网信息管理中心负责制定和发布国际框架性物联网标准，负责与各个国家的物联网互联，并且对各个国家物联网信息管理中心进行协调、指导及管理等工作。

第四节 物联网关键技术简述

对物联网概念的观点不同，所涉及的关键技术也不相同。但是从根本上讲，物联网技术涵盖了从信息获取、传输、存储、处理直至应用的全过程，在材料、器件、软件、网络、系统各个方面都要有所创新才能促进其发展。国际电信联盟报告提出，物联网主要需要四项关键性应用技术：

（1）标签物品的 RFID 技术；

（2）感知事物的传感网络技术（Sensor Technologies）；

（3）思考事物的智能技术（Smart Technologies）；

（4）微缩事物的纳米技术（Nanotechnology）。显然这是侧重了物联网的末梢网络。

欧盟《物联网研究路线图》将物联网研究划分为 10 个层面：

（1）感知，ID 发布机制与识别；

（2）物联网宏观架构；

（3）通信（OSI 参考模型的物理层与数据链路层）；

（4）组网（OSI 参考模型的网络层）；

（5）软件平台、中间件（OSI 参考模型的网络层以上各层）；

（6）硬件；

（7）情报提炼；

（8）搜索引擎；

（9）能源管理；

（10）安全。

通过对物联网的内涵分析，可以将实现物联网的关键技术归纳为感知技术、网络通信技术（主要为传感网技术和通信技术）、数据融合与智能技术和云计算等。这些内容将在第二篇里面进行详细讲解，本章只是初步引出这些技术的概念。

一、节点感知技术

节点感知技术是实现物联网的基础。通过它对物质世界进行感知识别，常见的可以分为自动识别技术、传感器技术。

（一）自动识别技术

物联网中非常重要的技术就是自动识别技术，自动识别技术融合了物理世界和信息世界，是物联网区别于其他网络（如电信网和互联网）最独特的部分。自动识别技术可以对每个物品进行标识和识别，并可以将数据实时更新，是构造全球物品信息实时共享的重要组成部分，是物联网的基石。

自动识别技术就是应用一定技术的识别装置，通过被识别物品和识别装置之间的接近活动，自动地获取被识别物品的相关信息，并提供给后台的计算机处理系统来完成相关后续处理的一种技术。

大家经常见到的自动识别技术有条码识别技术、生物识别技术、图像识别技术、射频识别技术 RFID 和磁卡识别技术等。

近几年，RFID 技术在全球发展迅速，它通过射频信号自动识别目标对象并获取相关数据，识别过程无须人工干预，可工作于各种恶劣环境。RFID 技术可识别高速运动物体并可同时识别多个标签，操作快捷方便。RFID 技术与互联网、通信等技术相结合，可实现全球范围内的物品跟踪与信息共享。

（二）传感器技术

传感器是节点感知物质世界的"感觉器官"，用来感知信息采集点的环境参数。传感器可以感知热、力、光、电、声、位移等信号，为物联网系统的处理、传输、分析和反馈提供最原始的数据信息。

随着电子技术的不断发展，传统的传感器正逐步实现微型化、智能化、信息化和网络化。同时，也正经历着一个从传统传感器（Dumb Sensor）→智能传感器（Smart Sensor）→嵌入式 Web 传感器（Embedded Web Sensor）不断丰富发展的过程。应用新理论、新技术，采用新工艺、新结构、新材料，研发各类新型传感器，提升传感器的功能与性能，降低成本，是实现物联网的基础。

（三）智能化传感网节点技术

所谓智能化传感网节点，是指一个微型化的嵌入式系统。在感知物质世界及其变化的过程中，需要检测的对象很多，例如温度、压力、湿度、应变等，因此需要微型化、低功耗的传感网节点来构成传感网的基础层支持平台。还需要针对低功耗传感网节点设备的低成本、低功耗、小型化、高可靠性等要求，研制低速、中高速传感网节点核心芯片，以及集射频、基带、协议、处理于一体，具备通信、处理、组网和感知能力的低功耗片上系统。

二、节点组网及通信网络技术

根据对物联网的定义，其工作范围可以分成两部分：一是体积小、能量低、存储容量小、运算能力弱的智能小物体的互联，即传感网。二是没有约束机制的智能终端互联，如智能家电、视频监控等。目前，对于智能小物体网络层的通信技术有两种：一种是基于 ZigBee 联盟开发的 ZigBee 协议，实现传感器节点或者其他智能物体的互联；另一种是 IPSO 联盟（IP for Smart Objects）倡导的通过 IP 实现传感网节点或者其他智能物体的互联。在物联网的机器到机器、人到机器和机器到人的数据传输中，有多种组网及其通信网络技术可供选择，目前主要有有线、无线等通信技术。

（一）传感网技术

传感网（WSN）是集分布式数据采集、传输和处理技术于一体的网络系统，以其低成本、微型化、低功耗和灵活的组网方式、铺设方式以及适合移动目标等特点受到广泛重视。物联网正是通过遍布在各个角落和物体上的形形色色的传感器节点以及由它们组成的传感网，来感知整个物质世界的。目前，面向物联网的传感网，主要涉及以下几项关键技术。

1. 传感网体系结构及底层协议

网络体系结构是网络的协议分层以及网络协议的集合，是对网络及其部件所应完成功能的定义和描述。因此，物联网架构的体系结构及协议栈，如何利用自治组网技术，采用什么样的传播信道模型、通信协议、异构网络如何融合等是其核心技术。传感网体系结构可以由分层的网络通信协议、传感网管理和应用支撑技术三个部分组成。其中，分层的网络通信协议结构类似于 TCP/IP 协议体系结构；传感网管理技术主要是对传感器节点自身的管理以及用户对传感网的管理；应用支撑技术主要利用分层协议和网络管理技术的基础上，支持传感网的应用支撑技术。

2. 协同感知技术

协同感知技术包括分布式协同组织结构、协同资源管理、任务分配和信息传递等关键技术，以及面向任务的动态信息协同融合、多模态协同感知模型、跨层协同感知、协同感知物联网基础体系与平台等。只有依靠先进的分布式测试技术与测量算法，才能满足日益提高的测试、测量需求。这需要综合运用传感器技术、嵌入式计算机技术和分布式数据处理技术等，协作地实时监测、感知和采集各种环境或监测对象的信息，并对其进行处理和传输。

3. 对传感网自身的检测与自组织

传感网是整个物联网的底层及数据来源，网络自身的完整性、完好性和效率等性能至关重要。因此，需要对传感网的运行状态及信号传输通畅性进行良好监测，才能实现对网络的有效控制。在实际应用当中，传感网中存在大量传感器节点，密度较高，当某一传感网节点发生故障时，网络拓扑结构有可能会发生变化。因此，设计传感网时应考虑自身的自组织能力、自动配置能力及可扩展能力。

4. 传感网安全

传感网除了具有一般无线网络所面临的信息泄漏、数据篡改、重放攻击和拒绝服务等多种威胁之外，还面临传感网节点容易被攻击者物理操纵，获取存储在传感网节点中的信息，从而控制部分网络的安全威胁。这显然需要建立起物联网网络安全模型来提高传感网的安全性能。例如，在通信前进行节点与节点的身份认证；设计新的密钥协商算法，使得即使有一小部分节点被恶意控制，攻击者也不能或很难从获取的节点信息推导出其他节点的密钥。对传输数据加密，解决窃听问题，保证网络中传输的数据只有可信实体才可以访问采用一些跳频和扩频技术减轻网络堵塞等问题。

5. ZigBee 技术

ZigBee 技术是基于底层 IEEE 802.15.4 标准，用于短距离、低数据传输速率的各种电子设备之间的无线通信技术，它定义了网络、安全层和应用层。ZigBee 技术经过多年的发展，其技术体系已相对成熟，并已形成了一定的产业规模。在标准方面，已发布 ZigBee 技术的第 3 个版本 V1.2，在芯片技术方面，已能够规模生产基于 IEEE 802.15.4 的网络射频芯片和新一代的 ZigBee 射频芯片（将单片机和射频芯片整合在一起）。在应用方面，ZigBee 技术已广泛应用于工业、精确农业、家庭和楼宇自动化、医学、消费和家居自动化、道路指示、安全行路等众多领域。

（二）核心承载网通信技术

目前，有多种通信技术可供物联网作为核心承载网络使用，可以是公共通信网，如 2G/3G/4G 移动通信网、互联网（Internet）、无线局域网（Wireless Loca-lArea Network，WLAN）、企业专用网，甚至是新建的专用于物联网的通信网，包括下一代互联网。

目前在市场方面，GSM 技术仍在全球移动通信市场占据优势地位；数据通信厂商比较青睐 Wifi（Wireless Fidelity）、WiMAX、移动宽带无线接入（Mobile Broadband Wireless Access，MBWA）通信技术；传统电信企业倾向使用 3G/4G 移动通信技术。WiFi、WiMAX、MBWA 和 3G/4G 在高速无线数据通信领域都将扮演重要角色。这些通信技术都具有很好的应用前景，它们彼此互补，既在局部会有部分竞争、融合，又不可互相替代。

从应用范围看，WiFi 主要被定位在室内或小范围内的热点覆盖，提供宽带无线数据业务，并结合 VoIP 提供语音业务；3G 所提供的数据业务主要是在室内低移动速度的环境下应用，而在高速移动时以语音业务为主。因此两者在室内数据业务方面存在明显的竞争关系。WiMAX 已由固定无线演进为移动无线，并结合 VoIP 解决了语音接入问题。MBWA 与 3G 两者存在较多的相似性，导致它们之间有较大的竞争性。

从融合的角度来看，在技术方面 WiFi、WiMAX、MBWA 仅定义了空中接口的物理层和 MAC 层，而 3G/4G 技术作为一个完整的网络，空中接口、核心网以及业务等的规范都已经完成了标准化工作。在业务方面，WiFi、WiMAX、MBWA 提供的主要是具有一定移动特性的宽带数据业务，而 3G/4G 最初就是为语音业务和数据业务共同设计的。双方侧重点不同，使得在一定程度上需要互相协作、互相补充。WiFi、WiMAX、MBWA 和 3G/B3G 四类无线通信技术的对比如表 1-1 所示，其中 3GPP2 表示第三代合作伙伴计划 2，主要制定以 ANSI-41 核心网为基础、CDMA2000 为无线接口的移动通信技术规范。

未来的无线通信系统，将是现有系统的融合与发展，是为用户提供全接入的信息服务系统。未来终端的趋势是小型化、多媒体化、网络化、个性化，并将计算、娱乐、通信等功能集于一身，移动终端将会面向不同的无线接入网络。这些接入网络覆盖不同的区域，具有不同的技术参数，可以提供不同的业务能力，相互补充、协同工作，实现用户在无线环境中的无缝漫游。

表 1-1　　无线通信技术（WiFi、WiMAX、MBWA 和 3G/B3G）比较

	WiFi	WiMAX	MBWA	3G/B3G
标准组织	IEEE802.11	IEEE802.16	IEEE802.20	3GPP，3GPP2
多址方式	CCK，OFDM	OFDM，OFDMA	FLASH-OFDM，FH	CDMA
工作频段	2.4GHz（免许可）	2~11GHz（部分免许可）	<3.5GHz	2GHz 频段（需要许可）

续表

	WiFi	WiMAX	MBWA	3G/B3G
最高传输速率	54Mb/s	>70Mb/s	3Mb/s，16Mb/s	2Mb/s，14Mb/s
覆盖范围	微蜂窝（<300m）	宏蜂窝（<50km）	宏蜂窝（<30km）	宏蜂窝（<7km）
信道带宽	22/20MHz	>5MHz	1.25MHz	1.25～5MHz
移动性	步行	120km/h（802.16e）	250km/h	高速移动
频带利用率	<2.7b·s−1/Hz	<3.75b·s−1/Hz		<1.6b·s−1/Hz
QoS 支持	不支持	支持	支持	支持
终端	PC 卡	PC 卡、智能信息设施		手机、PDA、PC 卡
业务	语音、数据	语音、数据、视频	数据、IP 语音	语音、数据

（三）互联网技术

若将物联网建立在数据分组交换技术基础之上，则将采用数据分组网（即 IP 网）作为核心承载网。其中，IPv6 作为下一代 IP 网络协议，具有丰富的地址资源，能够支持动态路由机制，可以满足物联网对网络通信在地址、网络自组织以及扩展性方面的要求。但是，由于 IPv6 协议栈过于庞大复杂，不能直接应用到传感器设备中，需要对 IPv6 协议栈和路由机制作相应的精简，才能满足低功耗、低存储容量和低传送速率的要求。目前已有多个标准组织进行了相关研究，IPSO 联盟已于 2008 年 10 月发布了一款最小的 IPv6 协议栈。

三、数据融合与智能技术

由于物联网应用是由大量传感网节点构成的，在信息感知的过程中，采用各个节点单独传输数据到汇聚节点的方法是不可行的，需要采用数据融合与智能技术进行处理。因为网络中存有大量冗余数据，会浪费通信带宽和能量资源。此外，还会降低数据的采集效率和及时性。

（一）数据融合与处理

所谓数据融合，是指将多种数据或信息进行处理，组合出高效、符合用户要求的信息的过程。在传感网应用中，多数情况下只关心监测结果，并不需要收到大量原始数据，数据融合是处理这类问题的有效手段。例如，借助数据稀疏性理论在图像处理中的应用，可将其引入传感网数据压缩，以改善数据融合效果。

数据融合技术需要人工智能理论的支撑，包括智能信息获取的形式化方法、海量数据处理理论和方法，网络环境下数据系统开发与利用方法，以及机器学习等基础理论。同时，还包括智能信号处理技术，如信息特征识别和数据融合，物理信号处理与识别等。

（二）海量数据智能分析与控制

海量数据智能分析与控制指依托先进的软件工程技术，对物联网的各种数据进行海量存储与快速处理，并将处理结果实时反馈给网络中的各种控制部件。

智能技术就是为了有效地达到某种预期目的和对数据进行知识分析而采用的各种方法和手段。当传感网节点具有移动能力时，网络拓扑结构如何保持实时更新；当环境恶劣时，如何保障通信安全以及如何进一步降低能耗。通过在物体中植入智能系统，可以使得物体具备一定的智能性，能够主动或被动地实现与用户的沟通，这也是物联网的关键技术之一。智能分析与控制技术主要包括人工智能理论、人 - 机交互技术、智能控制技术等。物联网的实质性含义是要给物体赋予智能，以实现人与物的交互对话，甚至实现物体与物体之间的交互对话。为了实现这样的智能性，需要智能化的控制技术与系统。例如，怎样控制智能服务机器人完成既定任务，包括运动轨迹控制，准确的定位及目标跟踪等。

四、云计算

随着互联网时代信息与数据的快速增长，大规模、海量的数据需要处理。为了节省成本和实现系统的可扩展性，云计算（Cloud Computing）的概念应运而生。

云计算最基本的概念是通过网络将庞大的计算处理程序自动分拆成无数个较小的子程序，再交由多个服务器所组成的庞大系统，经搜寻、计算分析之后将处理结果回传给用户。通过云计算技术，网络服务提供者可以在数秒之内，形成处理数以千万计甚至数以亿计的数据，达到与超级计算机具有同样强大效能的网络服务。

云计算是分布式计算技术的一种，可以从狭义和广义两个角度理解。狭义云计算是指 IT 基础设施的交付和使用模式，指通过网络以按需、易扩展的方式获得所需的资源。广义云计算是指服务的交付和使用模式，指通过网络以按需、易扩展的方式获得所需的服务，这种服务可以是与 IT 软件、互联网相关的，也可以是任意其他的服务，它具有超大规模、虚拟化、可靠安全等独特功效。云计算的核心是要提供服务。未来的互联网世界将会是"云 + 端"的组合，用户可以便捷地使用各种终端设备访问云端中的数据和应用，这些设备可以是便携式计算机和手机，甚至是电视等大家熟悉的各种电子产品。同时，用户在使用各种设备访问云中服务时，得到的是完全相同的无缝体验。

物联网的发展需要"软件即服务"、"平台即服务"及"按需计算"等云计算模式的支撑，云计算是物联网应用发展的基石。其原因有两个：一是云计算具有超强的数据处理和存储能力，二是由于物联网无处不在的数据采集，需要大范围的支撑平台以满足其规模需求。

云计算可以采用以下几种方式支撑物联网的应用发展。

（1）单中心、多终端应用模式。在单中心、多终端应用模式中，分布范围较小的各物联网终端（传感器、摄像头或3G/4G手机等），把云中心或部分云中心作为数据处理中心，终端所获得的信息和数据统一由云中心处理和存储，云中心提供统一界面给使用者操作或者查看。单中心、多终端应用目前已比较成熟，如小区及家庭的监控、对某一高速路段的监测、某些公共设施的保护等。这类应用模式的云中心可提供海量存储、统一界面和分级管理等服务，这类云计算中心一般以私有云为主。

（2）多中心、多终端应用模式。多中心、多终端应用模式主要用于区域跨度较大的企业和单位。例如，一个跨多地区或者多国家的企业，因其分公司或分厂较多，要对其各公司或工厂的生产流程进行监控，对相关的产品进行质量跟踪等。当有些数据或者信息需要及时甚至实时地给各个终端用户共享时也可采取这种模式。例如，假若某气象预测中心探测到某地30分钟后将发生重大气象灾害，只需通过以云计算为支撑的物联网途径，用几十秒的时间就能将预报信息发出。这种应用模式的前提是云计算中心必须包含公共云和私有云，并且它们之间的互联没有障碍。

（3）信息与应用分层处理、海量终端的应用模式。这种应用模式主要是针对用户范围广，信息及数据种类多，安全性要求高等特征来实现的物联网。根据应用模式和具体场景，对各种信息和数据进行分类、分层处理，然后选择相关的途径提供给相应的终端。例如，对需要大数据量传送，但是安全性要求不高的数据，如视频数据、游戏数据等，可以采取本地云中心处理或存储的方式。对于计算要求高，数据量不大的，可以放在专门负责高端运算的云中心，而对于数据安全要求非常高的信息和数据，则可以由具有灾备中心的云中心处理。

实现云计算的关键技术是虚拟化技术。通过虚拟化技术，单个服务器可以支持多个虚拟机运行多个操作系统和应用，从而提高服务器的利用率。虚拟机技术的核心是虚拟机监控程序（Hypervisor）。Hypervisor在虚拟机和底层硬件之间建立一个抽象层，它可以拦截操作系统对硬件的调用，为驻留在其上的操作系统提供虚拟的CPU和内存。

第五节　物联网应用及发展

物联网是通信网络的应用延伸和拓展，是信息网络上的一种扩展应用。感知、传输、应用三个环节构成物联网产业的关键要素。物联网发展不仅需要技术，更需要应用，应用是物联网发展的强大推动力。

一、物联网的主要应用领域

物联网的应用领域非常广阔，从日常的家庭个人应用，到工业自动化应用，以至军事反恐、城建交通。当物联网与互联网、移动通信网相连时，可随时随地全方位"感知"对方，人们的生活方式将从"感觉"跨入"感知"，从"感知"到"控制"。目前，物联网已经在智能交通、智能安防、智能物流和公共安全等领域初步得到实际应用。比较典型的应用包括水电行业无线远程自动抄表系统、数字城市系统、智能交通系统、危险源和家居监控系统、产品质量监管系统等，如表1-2所示。

表1-2　　　　　　　　　　　　物联网主要应用类型

应用分类	用户/行业	典型应用
数据采集	公共事业基础设施 机械制造 零售连锁行业 质量监管行业 石油化工 气象预测 智能农业	自动水表、电表抄读 智能停车场 环境监控、治理 电梯监控 物品信息跟踪 自动售货机 产品质量监管等
自动控制	医疗 机械制造 智能建筑 公共事业基础设施 工业监控	远程医疗及监控 危险源集中监控 路灯监控 智能交通（包括导航定位） 智能电网等
日常生活便利性应用	数字家庭 个人保健 金融 公共安全监控	交通卡 新型电子支付 智能家居 工业和楼宇自动化等
定位类应用	交通运输 物流管理及控制	警务人员定位监控 物流、车辆定位监控等

在环境监控和精细农业方面，物联网系统应用最为广泛。2002年，英特尔公司率先在俄勒冈建立了世界上第一个无线葡萄园，这是一个典型的精准农业、

智能耕种的实例。杭州齐格科技有限公司与浙江农科院合作研发了远程农作管理决策服务平台，该平台利用了无线传感器技术实现对农田温室大棚温度、湿度、露点、光照等环境信息的监测。

在民用安全监控方面，英国的一家博物馆利用传感网设计了一个报警系统，他们将节点放在珍贵文物或艺术品的底部或背面，通过侦测灯光的亮度改变和震动情况，来判断展览品的安全状态。中科院计算所在故宫博物院实施的文物安全监控系统也是 WSN 技术在民用安防领域中的典型应用。

在医疗监控方面，美国英特尔公司目前正在研制家庭护理的传感网系统，作为美国"应对老龄化社会技术项目"的一项重要内容。另外，在对特殊医院（精神类或残障类）中病人的位置监控方面，WSN 也有巨大应用潜力。

在工业监控方面，美国英特尔公司为俄勒冈的一家芯片制造厂安装了 200 台无线传感器，用来监控部分工厂设备的振动情况，并在测量结果超出规定时提供监测报告。通过对危险区域/危险源（如矿井、核电厂）进行安全监控，能有效地遏制和减少恶性事件的发生。

在智能交通方面，美国交通部提出了"国家智能交通系统项目规划"，预计到 2025 年全面投入使用。该系统综合运用大量传感器网络，配合 GPS 系统、区域网络系统等资源，实现对交通车辆的优化调度，并为个体交通推荐实时的、最佳的行车路线服务。中科院软件所在地下停车场基于 WSN 网络技术实现了细粒度的智能车位管理系统，使得停车信息能够迅速通过发布系统发送给附近的车辆，及时、准确地提供车位使用情况及停车收费等。

物流管理及控制是物联网技术最成熟的应用领域。尽管在仓储物流领域，RFID 技术还没有被普遍采纳，但基于 RFID 的传感器节点在大粒度商品物流管理中已经得到了广泛的应用。例如，宁波中科万通公司与宁波港合作，实现了基于 RFID 网络的集装箱和集卡车的智能化管理。另外，还使用 WSN 技术实现了封闭仓库中托盘粒度的货物定位。

智能家居领域是物联网技术能够大力应用发展的地方。通过感应设备和图像系统相结合，可实现智能小区家居安全的远程监控；通过远程电子抄表系统，可减小水表、电表的抄表时间间隔，能够及时掌握用电、用水情况。基于 WSN 网络的智能楼宇系统，能够将信息发布在互联网上，通过互联网终端可以对家庭状况实施监测。

物联网应用前景非常广阔，应用领域将遍及工业、农业、环境、医疗、交通和社会等各个方面。从感知城市到感知中国、感知世界，信息网络和移动信息化将开辟人与人、人与机、机与机、物与物、人与物互联的可能性，使人们的工作生活时时联通、事事链接，从智能城市到智能社会、智慧地球。

二、物联网技术发展

在信息技术发展演变的过程中，一次又一次的技术飞跃帮助人们不断获取新的知识。物联网技术也将会给人类社会又一次带来新的信息革命。目前，物联网技术正处于起步阶段，而且将是一个持续长效的发展过程，必然会呈现出其独特的发展模式。

（一）人与人之间的通信

人与人之间的通信已经过无数人上百年的研究发明、推广应用，建立了一整套科学的、可控可管的信息通信网络体系，可安全高效地服务于人类的信息通信。纵观通信技术的发展过程，一直在沿着两大方向不断探索未知领域：一个是移动化方向，人们为了追求通信的自由，逐步地由移动电话替代固定电话，实现位置上的自由通信；另一个是宽带化方向，通信从电路交换转变为以数据分组交换为主，从电报电话到互联网，逐步实现了宽带化的自由通信。人类的信息化从电报、固定电话开始，然后逐步探究更便捷、更大容量的信息传递方式，如移动电话、局域网、互联网。随着网络通信技术的不断发展，人与人之间的通信未知领域不断缩小，目前已经发展到了移动互联网阶段，使社会快步进入了宽带化、移动化数字通信时代。

（二）物与物互联通信

在人们不断探索人与人之间的通信技术时，又从物与物互联通信的角度开始探索研究，并沿着智能化和 IP 化演进。为了更好地服务于物与物互联信息的传递，最初，一部分物体被打上条码，有效地提高了物品识别的效率，随着近场通信（Near Field Communication）技术（如 RFID、蓝牙（Bluetooth）、ZigBee 等）的发展，RFID、二维码、传感器等各种现代感知识别技术逐步得到推广应用。在摩尔定律的推动下，芯片的体积不断缩小，功能更加强大，物品自身的网络与人的通信网络开始联通，并快速向未知领域开拓进取，使社会快步进入了基于 IP 数据通信的智能化、数字化时代。

在未来的发展过程中，未知领域显然将逐步缩小，对通信的探索将实现人与物的融合，最终实现无所不在的物联网。因此，物联网的发展将呈现两大发展趋势。一是智能化趋势，物品要更加智能，能够自主地实现信息交换，才能实现物联网的真正目的，而这将需要对海量数据进行智能处理，随着云计算技术的不断成熟，这一难题将得到解决。另一趋势是 IP 化，未来的物联网，将给所有的物品都赋予一个标识，实现"IP 到末梢"，只有这样才能随时随地地了解、控制物品的即时信息。

综上所述，若把人类信息网络划分成实现人与人通信的通信网和实现物与物互联通信的物联网两种类型，从通信网络技术的发展历程来看，它们将并行推进应用发展，并逐步实现融合。物联网要想进一步推进该技术的发展，让其更好地为社会和人们的生活服务，不仅需要研究人员开展广泛的应用系统研究，更需要国家、地区以及优质企业在各个层面上的大力推动和支持。

习　题

1. 讨论表述物联网的定义，你认为应如何理解物联网的内涵？
2. 分析已有的物联网体系结构，如何架构物联网体系？
3. 何谓传感网？
4. 物联网的关键技术有哪些？
5. 简论互联网、传感网与物联网之间的关系。
6. 列举物联网的主要应用领域，并描述物联网的应用前景。

下篇　物联网关键技术

第二章　自动识别技术

本章重点
- 物联网体系结构
- 物联网的基本组成
- 物联网的关键技术

物联网中非常重要的技术就是自动识别技术，自动识别技术融合了物理世界和信息世界，是物联网区别于其他网络（如：电信网、互联网）最独特的部分。自动识别技术可以对每个物品进行标识和识别，并可以将数据实时更新，是构造全球物品信息实时共享的重要组成部分，是物联网的基石。

第一节　自动识别技术的概念

一、基本概念

自动识别技术就是应用一定技术的识别装置，通过被识别物品和识别装置之间的接近活动，自动地获取被识别物品的相关信息，并提供给后台计算机处理系统来完成相关后续处理的一种技术。

二、条形码识别技术

条形码（以下简称"条码"）技术是集条码理论、光电技术、计算机技术、通信技术和条码印制技术于一体的一种自动识别技术。条形码是由宽度不同、反射率不同的条（黑色）和空（白色），按照一定的编码规则编制而成，用以表达一组数字或字母符号信息的图形标识符。条形码符号也可印成其他颜色，但两种颜色对光必须有不同的反射率，保证有足够的对比度。条码技术具有速度快、准确率高、可靠性强、寿命长和成本低廉等特点，因而广泛应用于商品流通、工业生产、图书管理、仓储标识管理和信息服务等领域。一维条码主要有 EAN 和

UPC 两种，其中 EAN 码是我国主要采取的编码标准。EAN 是欧洲物品条码 (European Article Number Bar Code) 的英文缩写，是以消费资料为使用对象的国际统一商品代码。

三、生物识别技术

所谓生物识别技术就是通过计算机与光学、声学、生物传感器和生物统计学原理等高科技手段密切结合，利用人体固有的生理特性（如指纹、指静脉、人脸和虹膜等）和行为特征（如笔迹、声音和步态等）来进行个人身份的鉴定。

现今已经出现了许多生物识别技术，如指纹识别、手掌几何学识别、虹膜识别、视网膜识别、面部识别、签名识别和声音识别等，但其中一部分技术含量高的生物识别手段还处于实验阶段。

（一）指纹识别

实现指纹识别有多种方法。其中有些是仿效传统的公安部门使用的方法，比较指纹的局部细节；有些直接通过全部特征进行识别；还有一些使用更独特的方法，如指纹的波纹边缘模式和超声波。在所有生物识别技术中，指纹识别是当前应用最为广泛的一种。

指纹识别对于室内安全系统来说更为适合，因为可以有充分的条件为用户提供讲解和培训，而且系统运行环境也是可控的。由于其相对低廉的价格、较小的体积（可以轻松地集成到键盘中）以及容易整合，所以在工作站安全访问系统中应用的几乎都是指纹识别。

（二）手掌几何学识别

手掌几何学识别就是通过测量使用者的手掌和手指的物理特征来进行识别，高级的产品还可以识别三维图象。作为一种已经确立的方法，手掌几何学识别不仅性能好，而且使用比较方便。声音识别的适用的场合是用户人数比较多，或者用户虽然不经常使用，但使用时很容易接受。如果需要，这种技术的准确性可以非常高，同时可以灵活地调整生物识别技术性能以适应相当广泛的使用要求。手形读取器使用的范围很广，且很容易集成到其他系统中，因此成为许多生物识别项目中的首选技术。

（三）声音识别

声音识别就是通过分析使用者的声音的物理特性来进行识别的技术。现今，虽然已经有一些声音识别产品进入市场，但使用起来还不太方便，这主要是因为传感器和人的声音可变性都很大。另外，比起其他的生物识别技术，它使用的步骤也比较复杂，在某些场合显得不方便。声音识别的很多研究工作正在进行中，我们相信声音识别技术在不久的将来将取得重大进展。

（四）视网膜识别

视网膜识别使用光学设备发出的低强度光源扫描视网膜上独特的图案。有证据显示，视网膜扫描是十分精确的，但它要求使用者注视接收器并盯着一点。这对于戴眼镜的人来说很不方便，而且与接收器的距离很近，也让人不太舒服。所以尽管视网膜识别技术本身很好，但用户的接受程度很低。因此，该类产品虽在20世纪90年代经过重新设计，加强了连通性，改进了用户界面，但仍然是一种非主流的生物识别产品。

（五）虹膜识别

虹膜识别是与眼睛有关的生物识别技术中对人产生较少干扰的技术。它使用相当普通的照相机元件，而且不需要用户与机器发生接触。另外，它有能力实现更高的模板匹配性能。因此，它吸引了各种人的注意。以前，虹膜扫描设备在操作的简便性和系统集成方面没有优势，我们希望新产品能在这些方面有所改进。

（六）面部识别

从用户的角度很容易理解面部识别的吸引力，但人们对这种技术的期望应该比较现实。面部识别在实际应用中将成为一种重要的生物识别方法。2012年，武汉公安构建了一套高精准人像识别系统，建成后能在1秒钟内比对1亿次图像，瞬间可辨认嫌疑人。

面部识别技术应用在很多领域：

（1）企业、住宅安全和管理。如人脸识别门禁考勤系统，人脸识别防盗门等。

（2）电子护照及身份证。

（3）公安、司法和刑侦。

（4）自助服务。

（5）信息安全。如计算机登录、电子政务和电子商务。

（七）基因识别

随着人类基因组计划的开展，人们对基因的结构和功能的认识不断深化，并将其应用到个人身份识别中。

基因识别是一种高级的生物识别技术，但由于技术上的原因，还不能做到实时取样和迅速鉴定，这在某种程度上限制了它的广泛应用。

（八）静脉识别

静脉识别，使用近红外线读取静脉模式，与存储的静脉模式进行比较，进行本人识别的识别技术。工作原理是依据人类手指中流动的血液可吸收特定波长的光线，而使用特定波长光线对手指进行照射，可得到手指静脉的清晰图像。利用这一固有的科学特征，将实现对获取的影像进行分析和处理，从而得到手指静脉的生物特征，再将得到的手指静脉特征信息与事先注册的手指静脉特征进行比对，从而确认登录者的身份。

（九）步态识别

步态识别，使用摄像头采集人体行走过程的图像序列，进行处理后同存储的数据进行比较，来达到身份识别的目的。步态识别作为一种生物识别技术，具有其他生物识别技术所不具有的独特优势，即在远距离或低视频质量情况下的识别潜力，且步态难以隐藏或伪装等。步态识别主要是针对含有人的运动图像序列进行分析处理，通常包括运动检测、特征提取与处理和识别分类三个阶段。

但是制约其发展还存在很多问题，比如拍摄角度发生改变，被识别人的衣着不同，携带有不同的东西，所拍摄的图像进行轮廓提取的时候会发生改变影响识别效果。但是该识别技术却可以实现远距离的身份识别在主动防御上有突出的性能。如果能突破现有的制约因素，步态识别在实际应用中必定有用武之地。

第二节　RFID 射频识别技术概述

射频识别（RFID）技术是众多自动识别技术中的一种，也是当今第三次信息浪潮，即物联网关键技术之一，RFID 的应用领域广泛，发展迅速，正在逐步走向成熟。

一、射频识别

随着高科技的蓬勃发展，智能化管理已经走进了人们的社会生活，一些门禁卡、第二代身份证、公交卡和超市的物品标签等，这些卡片正在改变人们的生活方式。这些卡片都使用了射频识别技术，可以说射频识别已成为人们日常生活中最简单的身份识别系统。RFID 技术带来的经济效益已经开始呈现在世人面前。RFID 是结合了无线电、芯片制造和计算机等学科的新技术。

射频识别技术（Radio Frequency Idenification，RFID）是自动识别技术的一种，通过无线射频方式进行非接触双向数据通信，对目标加以识别并获取相关数据。它的主要核心部件是电子标签，通过相距几厘米到几米的范围内读写其发射的无线电波，可以读取电子标签内存储的内容。它彻底抛弃了条形码的种种限制，使世界上的每一种商品都可以拥有独一无二的电子标签。不仅如此，贴上这种电子标签之后的商品，从它在工厂的流水线上开始，到被摆上商品的货架，再到消费者购买后结账，甚至到标签最后被回收的整个过程都能够被追踪管理。

　　射频识别技术具有很多突出的优点：RFID 技术不需要人工干预，不需要直接接触，也不需要光学可视即可完成信息输入和处理。可工作于各种恶劣环境，可识别高速运动物体，并可同时识别多个标签。操作快捷方便，实现无源和免接触操作，应用便利，无机械磨损，寿命长，安全性高。数据安全方面除标签的密码保护外，数据部分可用一些算法（如 DES、RSA、DSA、MD5 等）实现安全管理，读写器与标签之间也可相互认证，实现安全通信和存储。为大量应用奠定了基础。如果 RFID 技术能与电子供应链紧密联系，可取代条形码扫描技术。

　　射频识别技术以其独特的优势，逐渐地被广泛应用于生产、物流、交通、运输、医疗、防伪、跟踪、设备和资产管理等需要收集和处理数据的应用领域。随着大规模集成电路技术的进行及生产规模的不断扩大，射频识别产品的成本将不断降低，其应用将越来越广泛。

　　射频识别技术在世界各国发展非常迅速，射频识别产品种类繁多，被广泛应用于工业自动化、商业自动化和交通运输控制管理等众多领域，如汽车、火车等交通监控，高速公路自动收费系统，停车场管理系统，以及车辆防盗等。而在中国，由于射频识别技术起步较晚，应用的领域不是很广。目前，射频标签主要应用于公共交通、地铁及社会保障等方面。

　　总之，射频识别技术在未来发展中结合其他高新技术，如 GPS、生物识别等技术，由单一识别向多功能识别方向发展的同时，将结合现代通信及计算机技术、实现跨地区、跨行业应用。

二、RFID 技术分类

　　对于 RFID 技术，可依据标签的供电形式、工作方式、读写方式、工作频率和操作应用距离进行分类。

（一）按照供电方式进行分类

　　RFID 按照供电方式进行分类，分为有源标签和总源标签两类。

　　（1）有源标签。有源标签是指内部有电池提供电源的电子标签。有源标签的作用距离较远，但寿命有限、体积较大、成本较高，并且不适合在恶劣环境下工作，需要定期更换电池。

　　（2）无源标签。无源标签是指内部没有电池提供电源的电子标签。无源标签利用波束供电技术接收到读写器的射频能量转化为直流电源，以便为标签内的电路供电。无源标签的作用距离相对有源标签要近，但其寿命较长，并且对其他工作环境要求不高。

（二）按照工作方式进行分类

　　RFID 按照工作方式进行分类，分为主动式标签和被动式标签两种。

（1）主动式标签。主动式标签就是利用自身的射频能量主动发射数据给读写器的电子标签，主动式标签一般含有电源，和被动式标签相比，它的识别距离更远。

（2）被动式标签。被动式标签是在读写器发出查询信号触发后才进入通信状态的电子标签。它使用调制散射方式发射数据，必须利用读写器的载波带调制自己的信号，主要应用在门禁或交通应用中。被动式标签既可以是有源标签，也可以是无源标签。

（三）按照读写方式进行分类

RFID 按照读写方式进行分类，可以分为只读型标签和读写型标签两类。

（1）只读型标签。在识别过程中，内容只能读出而不可写入的电子标签称为只读型标签。只读型标签所具有的存储器是只读型存储器。只读型标签又可以分为以下 3 种。

①只读型标签：只读标签的内容在标签出厂时就已被写入，识别时只能读出，不可再写入。只读标签的存储器一般由 ROM 组成。

②一次性编程只读标签：一次性编程只读标签可在应用前先一次性编程写入，在识别过程中不可改写。一次性编程只读标签的存储器一般由 EPROM、PROM 或 PAL 组成。

③可重复编程只读标签：可重复编程只读标签的内容经擦除后可重复编程写入，但在识别过程中不可改写。可重复编程只读标签的存储器一般由 EPROM、EEPROM 或 GAL 组成。

（2）读写型标签。在识别过程中，标签的内容既可被读写器读出，又可由读写器写入的电子标签系读写型标签。读写型标签可以只具有读写型存储器，也可以同时具有读写型存储器和只读型存储器。读写型标签应用过程中数据是双向传输的。

（四）按照工作频率进行分类

RFID 按照工作频率进行分类，可以分为低频标签、中高频标签和超高频与微波标签。

1. 低频标签

低频段射频标签简称低频标签，其工作频率范围为 30kHz～300kHz。低频电子标签典型的工作频率有 125kHz 与 133kHz 两种。低频标签一般为无源标签。其工作能量通过电感耦合方式从读写器耦合线圈的辐射近场中获得。低频标签与读写器之间传送数据时，低频标签需位于读写器天线辐射的近场区内。低频标签的阅读距离一般情况下小于 1m。

低频标签主要用在短距离、低成本的应用中。低频标签的典型应用有动物识别、容器识别、工具识别和电子闭锁防盗（带有内置电子标签的汽车钥匙）等。与低频标签相关的国际标准有 ISO 11784/11785（用于动物识别）和 ISO 18000 - 2（125kHz ~ 135kHz）。

低频标签有多种外观形式，应用于动物识别的低频标签外观有项圈式、耳牌式、注射式、药丸式等。典型应用的动物有牛、信鸽等。

低频标签的主要优势体现在：标签芯片一般采用普遍的 CMOS 工艺，具有省电、廉价的特点；工作频率不受无线电频率管制约束；可以穿透水、有机组织、木材等；非常适合近距离的、低速度的、数据量要求较少的识别应用（如动物识别等）。

低频标签的劣势主要体现在：标签存储数据量少；只能适合低速、近距离识别应用；与高频标签相比，标签天线匝数更多，成本更高一些。

2. 中高频标签

中高频段射频标签的工作频率一般为 3MHz ~ 30MHz。典型工作频率为 13.56MHz。该频段的射频标签，从射频识别应用角度来说，其工作原理与低频标签完全相同，即采用电感耦合方式工作。另外，根据无线电频率的一般划分，其工作频段又称为高频，所以也常将其称为高频标签。鉴于该频段的射频标签可能实际应用中最大量的射频标签，因而只是将高、低理解成为一个相对的概念，为了便于表述，将其称为中频射频标签。

中频标签一般也采用无源标签，其工作能量同低频标签一样，也是通过电感（磁）耦合方式从读写器耦合线圈近场中获得。标签与读写器进行数据交换时，标签必须位于读写器天线辐射的近场区内。中频标签的阅读距离一般情况下也小于 1 米。

中频标签可以方便地做成卡状，典型应用包括电子车票、电子身份证和电子闭锁防盗（电子遥控门锁控制器）等。相关的国际标准有 ISO 14443、ISO 15693、ISO 18000 - 3（13.56MHz）等。

3. 超高频与微波标签

超高频与微波频段的射频标签简称微波射频标签，其典型工作频率为 433.92MHz、862（902）MHz ~ 928MHz、2.45GHz、5.8GHz。微波射频标签可分为有源标签与无源标签两类。工作时，射频标签位于读写器天线辐射场远区场内，标签与读写器之间的耦合方式为电磁耦合方式。读写器天线辐射场为无源标签提供射频能量，将有源标签唤醒。相应的射频识别系统阅读距离一般大于 1 米，典型情况为 4 ~ 6 米，最大可达 10 米以上。读写器天线一般均为定向天线，只有在读写器天线定向波束范围内的射频标签可被读/写。

由于阅读距离的增加，应用中有可能在阅读区域中同时出现多个射频标签，从而提出了多标签同时读取的需求，进而这种需求发展成为一种潮流。目前，先进的射频识别系统均将多标签识读问题作为系统的一个重要特征。

从目前的技术水平来说，无源微波射频标签比较成功的产品相对集中在902MHz ~ 928MHz 工作频段上。2.45GHz 和 5.8GHz 射频识别系统多以半无源微波射频标签产品面世。半无源标签一般采用钮扣电池供电，具有较远的识读距离。

微波射频标签的典型特点主要集中在是否无源、无线读写距离、是否支持多标签读写、是否适合速识别应用、读写器的发射功率容限、射频标签及读写器的价格等方面。典型的微波射频标签的识读距离为 3 ~ 5 米，个别有达到 10 米或 10 米以上的产品。对于可无线写的射频标签而言，通常情况下写入距离要小于识读距离。其原因在于写入要求更大的能量。

微波射频标签的数据存储容量一般限定在 2KB 以内，再大的存储容量几乎没有太大的意义，从技术及应用的角度来说，微波射频标签并不适合作为大量数据的载体，其主要功能在于标识物品并完成无接触的识别过程。典型的数据容量指标有 1KB、128 位、64 位等，由 Auto – ID Center 制定的产品电子代码 EPC 的容量为 90 位。

微波射频标签的典型应用包括移动车辆识别、电子身份证、仓储物流应用和电子封锁防盗（电子遥控门锁控制器）等。相关的国际标准有 ISO 10374、ISO 18000 – 4（2.45GHz）、ISO 18000 – 5（5.8MHz）、ISO 18000 – 6（860 ~ 930MHz）、ISO 18000 – 7（433.92MHz）和 ANSI NCIT256—1999 等。

（五）操作应用距离进行分类

（1）密耦合标签。作用距离小于 1 厘米的标签被称为密耦合标签。

（2）近耦合标签。作用距离大约为 15 厘米的标签被称为近耦合标签。

（3）疏耦合标签。作用距离大约为 1 米的标签被称为疏耦合标签。

（4）远距离标签。作用距离为 1 ~ 10 米甚至更远的标签被称为远距离标签。

三、RFID 技术应用

射频识别技术被广泛应用于工业自动化、商业自动化、交通运输控制管理、防伪等众多领域，主要应用在以下领域。

（一）高速公路收费及智能交通系统

高速公路自动收费系统是射频识别技术最成功的应用之一。RFID 技术应用在高速公路自动收费上能够充分体现射频识别技术的优势。在车辆高速通过收费站的同时自动完成缴费，解决了在收费站口许多车辆要停车排队交费，造成交通瓶颈及少数不法收费员贪污路费，使国家蒙受损失两大问题。

（二）生产的自动化及过程控制

射频识别技术具有抗恶劣环境能力强、非接触识别等特点，在生产过程控制中有很多应用。通过在大型工厂的自动化流水作业线上使用射频识别技术，实现了物料跟踪和生产过程自动控制、监视、提高了生产率，改进了生产方式，节约了成本。

（三）车辆的自动识别及防盗

通过建立采用射频识别技术的自动车号识别系统，能够随时了解车辆的运行情况，一是实现了车辆的自动跟踪管理；二是大大减小了发生事故的可能性；三是通过射频识别技术对车辆的主人进行有效验证，防止车辆偷盗发生；四是可以在车辆丢失以后有效寻找丢失的车辆。

采用射频识别技术还可以对道路交通流量实时监控、统计、调度、车辆闯红灯记录报警，被盗（可疑）车辆报警、跟踪、特殊车辆跟踪、肇事逃逸车辆排查等。

（四）电子票证

使用射频识别标签来代替各种"卡"，实现非现金结算，解决了现金交易不方便、不安全，以及以往的各种磁卡、IC 卡容易损坏等问题。射频识别标签使用方便、快捷，同时可以识别几张标签，并行收费。

射频识别系统，特别是非接触 IC 卡（电子标签）应用潜力最大的领域之一就是公共交通领域。使用电子标签作为电子车票，具有使用方便、可以缩短交易时间、降低运营成本等优势。

（五）货物跟踪管理及监控

射频识别技术为货物的跟踪管理及监控提供了方便、快捷、准确、自动化的技术手段。以射频识别技术为核心的集装箱自动识别，成为全球范围内最大的货物跟踪管理应用。将记录有集装箱位置、物品类别、数量等数据的标签安装在集装箱上，借助射频识别技术，就可以确定集装箱在货场内确切位置，在移动时可以将更新的数据写入射频卡（电子标签）。系统还可以识别未允许的集装箱移动，有利于管理和安全。

（六）仓储、配送等物流环节

将射频识别系统用于智能仓库货物管理，可以有效地解决仓库里与货物流动相关的信息的管理，监控货物信息，实时了解产品情况，自动识别货物，确定货物的位置。

（七）邮件、邮包的自动分拣系统

射频识别技术已经被成功应用到邮政领域的邮包自动分拣系统中，它具有非接触、非视线数据传输的特点，所以包装传送中可以不考虑包括的方向性问题。另外，当多个目标同时进入识别区域时，可以同时识别，大大提高了货物分拣能力和处理速度。另外，由于电子标签可以记录包裹的所有特征数据，更有利于提高邮包分拣的准确性。

（八）动物跟踪和管理

射频识别技术可以用于动物跟踪与管理。将用小玻璃封装的射频识别标签植于动物皮下，可以表示畜生，检测动物健康状况等重要信息，为牧（禽）场的管理现代化提供了可靠的技术手段。

在大型养殖场，可以通过采用射频识别技术建立饲养档案、预防接种档案等，达到高效、自动化管理畜禽的目的，同时为食品安全提供了保障。射频识别技术还可用于信鸽比赛、赛马识别等，以准确测定达到时间。

在动物的跟踪及管理方面，许多发达国家采用射频识别技术，通过对畜生个别识别，保证畜禽大规模疾病暴发期间对感染者的有效跟踪及对未感染者进行隔离控制。

（九）门禁保安

门禁保安系统可以应用射频标签，一卡可以多用，比如工作证、出入证、停车证、饭店住宿证甚至旅游护照等，可以有效地识别人员身份，进行安全管理及高效收费，简化了出入手续，提高了工作效率，并且有效地进行了安全保护。人员出入时自动识别身份，非法闯入时会有报警。安全级别要求高的地方，还可以结合其他的识别方式，将指纹、掌纹或颜面特征存入射频标签。

（十）防伪

伪造问题在世界各地都是令人头疼的问题，现在应用的防伪技术，如全息防伪等技术同样也可以被不法分子伪造。将射频识别技术应用在防伪领域有它自身的技术优势，它具有成本低、难伪造的特点。射频识别标签的成本相对便宜，且芯片的制造需要昂贵的芯片工厂，使伪造者望而却步，射频识别标签本身具有内存，可以储存、修改与产品有关的数据，利于进行防伪的鉴别。利用这种技术不用改变现行的数据管理体制，唯一的产品标识完全可以做到与已用数据库体系兼容。

（十一）运动计时

在马拉松比赛中，由于参赛人员太多，如果没有一个精确的计时装置就会造成不公平的竞争。射频识别标签应用于马拉松比赛的精确计时，这样每个运动员都有自己的起始和结束时间，避免了不公平竞争的出现。射频识别技术还可应用于汽车大奖赛上的精确计时。

四、RFID 技术标准简介

由于 RFID 的应用牵涉众多行业，因此其相关的标准非常复杂。从类别看，RFID 标准可以分为以下四类：技术标准（如 RFID 技术、IC 卡标准等）；数据内容与编码标准（如编码格式、语法标准等）；性能与一致性标准（如测试规范等）；应用标准（如船运标签、产品包装标准等）。具体来讲，RFID 相关的标准涉及电气特性、通信频率、数据格式和元数据、通信协议、安全、测试、应用等方面。

与 RFID 技术和应用相关的国际标准化机构主要有：国际标准化组织（ISO）、国际电工委员会（IEC）、国际电信联盟（ITU）、世界邮联（UPU）。此外还有其他的区域性标准化机构（如 EPCGlobal、UIDCenter、CEN）、国家标准化机构（如 BSI、ANSI、DIN）和产业联盟（如 ATA、AIAG、EIA）等也制定了与 RFID 相关的区域、国家、产业联盟标准，并通过不同的渠道提升为国际标准。表 2 - 1 列出了目前 RFID 系统主要频段标准与特性。

表 2 - 1　　　　　　　　　　RFID 系统主要频段标准与特性

	低频	高频	超高频	微波
工作频率	125kHz ~ 134kHz	13.56MHz	868MHz ~ 915MHz	2.45GHz ~ 5.8GHz
读取距离	1.2 米	1.2 米	4 米（美国）	15 米（美国）
速度	慢	中等	快	很快
潮湿环境	无影响	无影响	影响较大	影响较大
方向性	无	无	部分	有
全球适用频率	是	是	部分	部分
现有 ISO 标准	11 784/85，14 223	14 443，18 000 ~ 3，15 693	18 000 ~ 6	18 000 ~ 4/555

总体来看，目前 RFID 存在三个主要的技术标准体系：总部设在美国麻省理工学院（MIT）的自动识别中心（Auto - IDCenter）、日本的泛在中心（Ubiquitous IDCenter，UIC）和 ISO 标准体系。

（一）EPCGlobal

EPCGlobal 是由美国统一代码协会（UCC）和国际物品编码协会（EAN）于 2003 年 9 月共同成立的非营利性组织，其前身是 1999 年 10 月 1 日在美国麻省理工学院成立的非营利性组织 Auto – ID 中心。Auto – ID 中心以创建物联网为使命，与众多成员企业共同制定一个统一的开放技术标准。旗下有沃尔玛集团、英国 Tesco 等 100 多家欧美零售流通企业，同时有 IBM、微软、飞利浦、Auto – IDLab 等公司提供技术研究支持，目前 EPCGlobal 已在加拿大、日本、中国等国建立了分支机构，专门负责 EPC 码段在这些国家的分配与管理、EPC 相关技术标准的制订、EPC 相关技术在本国宣传普及以及推广应用等工作。

EPCGlobal 物联网体系架构由 EPC 编码、EPC 标签及读写器、EPC 中间件、ONS 服务器和 EPCIS 服务器等部分构成。

EPC 赋予物品唯一的电子编码，其位长通常为 64bit 或 96bit，也可扩展为 256bit。对不同的应用规定有不同的编码格式，主要存放企业代码、商品代码和序列号。最新的 Gen2 标准的 EPC 编码可兼容多种编码。

（二）UbiquitousID

日本在电子标签方面的发展，始于 20 世纪 80 年代中期的实时嵌入式系统 TRON，T – Engine 是其中核心的体系架构。

在 T – Engine 论坛领导下，泛在中心于 2003 年 3 月成立，并得到日本政府经产和总务省以及大企业的支持，目前包括微软、索尼、三菱、日立、日电、东芝、夏普、富士通、NTTDoCoMo、KDDI、J – Phone、伊藤忠、大日本印刷、凸版印刷和理光等重量级企业。

泛在 ID 中心的泛在识别技术体系架构由泛在识别码（uCode）、信息系统服务器、泛在通信器和 uCode 解析服务器四部分构成。

uCode 采用 128bit 记录信息，提供了 $340 \times 1\ 036$ 编码空间，并可以以 128bit 为单元进一步扩展至 256bit、384bit 或 512bit。uCode 能包容现有编码体系的元编码设计，以兼容多种编码，包括 JAN、UPC、ISBN、IPv6 地址，甚至电话号码。uCode 标具有多种形式，包括条码、射频标签、智能卡、有源芯片等。泛在 ID 中心把标签进行分类，设立了 9 个级别的不同认证标准。

信息系统服务器存储并提供与 uCode 相关的各种信息。uCode 解析服务器确定与 uCode 相关的信息存放在哪个信息系统服务器上。uCode 解析服务器的通信协议为 uCodeRP 和 eTP，其中 eTP 是基于 eTron（PKI）的密码认证通信协议。

泛在通信器主要由 IC 标签、标签读写器和无线广域通信设备等部分构成，用来把读到的 uCode 送至 uCode 解析服务器，并从信息系统服务器获得有关信息。

（三）ISO 标准体系

国际标准化组织（ISO）以及其他国际标准化机构如国际电工委员会（IEC）

和国际电信联盟（ITU）等是 RFID 国际标准的主要制定机构。大部分 RFID 标准都是 ISO（或与 IEC 联合组成）的技术委员会（TC）或分技术委员会（SC）制定的。

第三节　RFID 系统的组成

在实际 RFID 解决方案中，不论是简单的 RFID 系统还是复杂的 RFID 系统都包含一些基本组件。组件分为硬件组件和软件组件。

一、RFID 系统的硬件组件

射频识别系统硬件通常由电子标签、读写器、计算机通信网络三部分组成，如图 2 - 1 所示。

（一）电子标签

电子标签存储着需要被识别物品的相关信息，通常被放置在需要识别的物品上，它所存储的信息通常可被射频读写器通过非接触方式读/写获取。

（二）读写器

读写器是可以利用射频技术读/写电子标签信息的设备。读写器读出的标签信息可以通过计算机网络系统进行管理和信息传输。

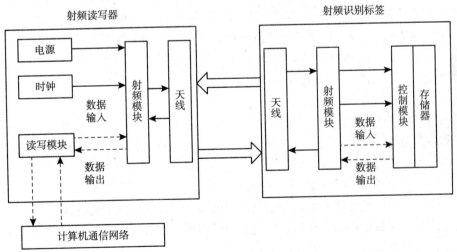

图 2 - 1　射频识别系统的结构框图

（三）计算机通信网络

在射频识别系统中，计算机通信网络通常用于对数据进行管理，完成通信传输功能。读写器可以通过标准接口与计算机通信网络连接，以便实现通信和数据传输功能。

由图 2-1 可以看出，在射频识别系统工作过程中，始终以能量作为基础，通过一定的时序方式来实现数据交换。因此，在射频识别系统工作的信道中存在有 3 种事件模型。

1. 以能量提供为基础的事件模型

读写器向电子标签提供工作能量。对于无源标签来说，当电子标签离开读写器的工作范围以后，电子标签由于没有能量激活而处于休眠状态。当电子标签进入读写器的工作范围以后，读写器发出的能量激活了电子标签。电子标签通过整流的方法将接收到的能量转换为电能存储在电子标签内的电容器里，从而为电子标签提供工作能量。对于有源标签来说，有源标签始终处于激活状态，和读写器发出的电磁波相互作用，具有较远的识别距离。

2. 以时序方式实现数据交换的事件模型

时序指的是读写器和电子标签的工作次序。通常有两种时序：一种是 RTF（Reader Talks First，读写器先发言）；另一种是 TTF（Tag Talks First，标签先发言），这是读写器的防冲突协议方式。

在一般状态下，电子标签处于"等待"或"休眠"工作状态，当电子标签进入读写器的作用范围时，检测到一定特征射频信号，便从"休眠"状态转到"接收"状态，接收读写器发出的命令后，进行相应的处理，并将结果返回读写器。这类只有接收到读写器特殊命令才发送数据的电子标签被称为 RTF 方式；与此相反，进入读写器的能量场就主动发送自身序列号的电子标签被称为 TTF 方式。

TTF 和 RTF 协议相比，TTF 方式的射频标签具有识别速度快等特点，适用于需要高速应用的场合；另外，它在噪声环境中更稳健，在处理标签数量动态变化的场合也更为实用。因此，更适于工业环境的跟踪和追踪应用。

3. 以数据交换为目的的事件模型

读写器与标签之间的数据通信包括了读写器向电子标签的数据通信和电子标签向读写器的数据通信。在读写器向电子标签的数据通信中，又包括离线数据写入和在线数据写入。

在电子标签向读写器的数据通信中，工作方式有以下两种：

（1）电子标签被激活以后，向读写器发送电子标签内存储的数据；

（2）电子标签被激活以后，根据读写器的指令，进入数据发送状态或休眠状态。

电子标签和读写器之间的数据通信是为应用服务的，读写器和应用系统之间通常有多种接口，接口具有以下功能：应用系统根据需要，向读写器发出读写器配置命令；读写器向应用系统返回所有可能的读写器的当前配置状态；应用系统向读写器发送各种命令；读写器向应用系统返回所有可能命令的执行结果。

二、RFID系统中的软件组件

RFID系统中的软件组件主要完成数据信息的存储、管理以及对RFID标签的读写控制，是独立于RFID硬件之上的部分。RFID系统归根结底是为应用服务的，读写器与应用系统之间的接口通常由软件组件来完成。

一般地，RFID软件组件包含有：

①边沿接口系统；

②中间件，为实现所采集信息的传递与分发而开发的中间件；

③企业应用接口，为企业前端软件，如设备供应商提供的系统演示软件、驱动软件、接口软件和集成商或者客户自行开发的RFID前端操作软件等；

④应用软件，主要指企业后端软件，如后台应用软件、管理信息系统（MIS）软件等。

（一）边沿接口系统

边沿接口系统完成RFID系统硬件与软件之间的连接，通过使用控制器实现同RFID硬软件之间的通信。边沿接口系统的主要任务是从读写器中读取数据和控制读写器的行为，激发外部传感器、执行器工作。此外，边沿接口系统还具有以下功能：①从不同读写器中过滤重复数据；②允许设置基于事件方式触发的外部执行机构；③提供智能功能，选择发送到软件系统；④远程管理功能。

（二）RFID中间件

RFID系统中间件是介于读写器和后端软件之间的一组独立软件，它能够与多个RFID读写器和多个后端软件应用系统连接。应用程序使用中间件所提供的通用应用程序接口（API），就能够连接到读写器，读取RFID标签数据。即中间件屏蔽了不同读写器和应用程序后端软件的差异，从而减轻了多对多连接的设计与维护的复杂性。

使用RFID中间件有3个主要目的：

①隔离应用层和设备接口；

②处理读写器和传感器捕获的原始数据，使应用层看到的都是有意义的高层事件，大大减少所需处理的信息；

③提供应用层接口用于管理读写器和查询 RFID 观测数据，目前，大多数可用的 RFID 中间件都有这些特性。

（三）企业应用接口

企业应用接口是 RFID 前端操作软件，主要是提供给 RFID 设备操作人员使用的，如手持读写设备上使用的 RFID 识别系统、超市收银台使用的结算系统和门禁系统使用的监控软件等，此外还应当包括将 RFID 读写器采集到的信息向软件系统传送的接口软件。

前端软件最重要的功能是保障电子标签和读写器之间的正常通信，通过硬件设备的运行和接收高层的后端软件控制来处理和管理电子标签和读写器之间的数据通信。前端软件完成的基本功能有：

（1）读/写功能：读功能就是从电子标签中读取数据，写功能就是将数据写入电子标签。这中间涉及编码和调制技术的使用，例如采用 FSK 还是 ASK 方式发送数据。

（2）防碰撞功能：很多时候不可避免地会有多个电子标签同时进入读写器的读取区域，要求同时识别和传输数据，这时，就需要前端软件具有防碰撞功能。具有防碰撞功能的 RFID 系统可以同时识别进入识别范围内的所有电子标签，其并行工作方式大大提高了系统的效率。

（3）安全功能：确保电子标签和读写器双向数据交换通信的安全。在前端软件设计中可以利用密码限制读取标签内信息，读写一定范围内的标签数据以及对传输数据进行加密等措施来实现安全功能。也可以使用硬件结合的方式来实现安全功能。标签不仅提供了密码保护，而且能对数据从标签传输到读取器的过程进行加密，而不仅是对标签上的数据进行加密。

（4）检/纠错功能：由于使用无线方式传输数据很容易被干扰，使得接收到的数据产生畸变，从而导致传输出错。前端软件可以采用校验和的方法，如循环冗余校验（Cyclic Redundance Check，CRC）、纵向冗余校验（Longitudinal Redundance Check，LRC）、奇偶校验等检测错误。可以结合自动重传请求（Automatic Repeatre Quest，ARQ）技术重传有错误的数据来纠正错误，以上功能也可以通过硬件来实现。

（四）应用软件

由于信息是为生产决策服务的，因此，RFID 系统所采集的信息最终要向后端应用软件传送，应用软件系统需要具备相应的处理 RFID 数据的功能。应用软件的具体数据处理功能需要根据客户的具体需求和决策的支持度来进行软件的结构与功能设计。

应用软件也是系统的数据中心，它负责与读写器通信，将读写器经过中间件转换之后的数据，插入到后台企业仓储管理系统的数据库中，对电子标签管理信息，发行电子标签和采集的电子标签信息集中进行存储和处理。一般说来，后端应用软件系统需要完成以下功能：

（1）RFID 系统管理：系统设置以及系统用户信息和权限。

（2）电子标签管理：在数据库中管理电子标签序列号和每个物品对应的序号及产品名称、型号规格、芯片内记录的详细信息等，完成数据库内所有电子标签的信息更新。

（3）数据分析和存储：对整个系统内的数据进行统计分析，生成相关报表，对采集到的数据进行存储和管理。

第四节 RFID 系统的工作原理

RFID 系统的基本工作原理是：由读写器通过发射天线发送特定频率的射频信号，当电子标签进入有效工作区域时产生感应电流，从而获得能量被激活，使得电子标签将自身编码信息通过内置天线发射出去；读写器的接收天线接收到从标签发送来的调制信号，经天线的调制器传送到读写器信号处理模块，经解调和解码后将有效信息送到后台主机系统进行相关处理；主机系统根据逻辑运算识别该标签的身份，针对不同的设定作出相应的处理和控制，最终发出信号，控制读写器完成不同的读写操作。

从电子标签到读写器之间的通信和能量感应方式来看，RFID 系统一般可以分为电感耦合（磁耦合）系统和电磁反向散射耦合（电磁场耦合）系统。电感耦合系统是通过空间高频交变磁场实现耦合，依据的是电磁感应定律；电磁反向散射耦合，即雷达原理模型，发射出去的电磁波碰到目标后反射，同时携带回目标信息，依据的是电磁波的空间传播规律。

电感耦合方式一般适合于中、低频率工作的近距离 RFID 系统；电磁反向散射耦合方式一般适合于高频、微波工作频率的远距离 RFID 系统。

一、电感耦合 RFID 系统

电感耦合方式电路结构如图 2-2 所示。电感耦合的射频载波频率为

13.56MHz 和小于135kHz 的频段，应答器和读写器之间的工作距离小于1 米。

（一）应答器的能量供给

电磁耦合方式的应答器几乎都是无源的，能量（电源）从读写器获得。由于读写器产生的磁场强度受到电磁兼容性能有关标准的严格限制，因此系统的工作距离较近。

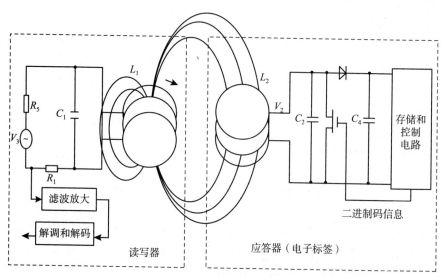

图2-2 电感耦合方式的电路结构

在图2-2 所示的读写器中，V_3 为射频信号源，L_1 和 C_1 构成谐振回路（谐振于 V_3 的频率），R_5 是射频源的内阻，R_1 是电感线圈 L_1 的损耗电阻。V_3 在 L_1 上产生高频电流 i，谐振时高频电流 i 最大，高频电流产生的磁场穿过线圈，并有部分磁力线穿过距离读写器电感线圈 L_1 一定距离的应答器线圈 L_2。由于所有工作频率范围内的波长（13.56MHz 的波长为 22.1 米，135kHz 的波长为 2 400 米）比读写器和应答器线圈之间的距离大很多，所以两线圈之间的电磁场可以视为简单的交变磁场。

穿过电感线圈 L_2 的磁力线通过感应，在 L_2 上产生电压，将其通过 V_2 和 C_2 整流滤波后，即可产生应答器工作所需的直流电压。电容器 C_2 的选择应使 L_2 和 C_2 构成对工作频率谐振的回路，以使电压 V_2 达到最大值。

电感线圈 $L_2 C_2$ 可以看作变压器初次级线圈，不过它们之间的耦合很弱。读写器和应答器之间的功率传输效率与工作频率 f、应答器线圈的匝数 n、应答器线圈包围的面积 A、两线圈的相对角度以及它们之间的距离是成比例的。

因为电感耦合系统的效率不高，所以只适合于低电流电路。只有功耗极低的只读电子标签（小于135kHz）可用于1米以上的距离。具有写入功能和复杂安全算法的电子标签的功率消耗较大，因而其一般的作用距离为15厘米。

（二）数据传输

应答器向读写器的数据传输采用负载调制方法。应答器二进制数据编码信号控制开关器件，使其电阻发生变化，从而使应答器线圈上的负载电阻按二进制编码信号的变化而改变。负载的变化通过 L_2 映射到 L_1，使 L_1 的电压也按二进制编码规律变化。该电压的变化通过滤波放大和调制解调电路，恢复应答器的二进制编码信号，这样，读写器就获得了应答器发出的二进制数据信息。

二、反向散射耦合 RFID 系统

（一）反向散射

雷达技术为 RFID 的反向散射耦合方式提供了理论和应用基础。当电磁波遇到空间目标时，其能量的一部分被目标吸收，另一部分以不同的强度散射到各个方向。在散射的能量中，一小部分反射回发射天线，并被天线接收（因此发射天线也称接收天线），对接收信号进行放大和处理，即可获得目标的有关信息。

（二）RFID 反向散射耦合方式

一个目标反射电磁波的频率由反射横截面来确定。反射横截面的大小与一系列的参数有关，如目标的大小、形状和材料，电磁波的波长和极化方向等。由于目标的反射性能通常随频率的升高而增强，所以 RFID 反向散射耦合方式采用特高频和超高频，应答器和读写器的距离大于1米。

RFID 反向散射耦合方式的原理如图 2-3 所示，读写器、应答器和天线构成一个收发通信系统。

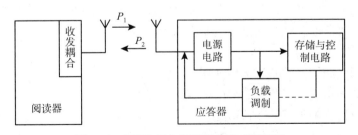

图 2-3　RFID 反向散射耦合方式原理图

1. 应答器的能量供给

无源应答器的能量由读写器提供，读写器天线发射的功率 P_1 经自由空间衰减后到达应答器，设到达功率为 P_2。被吸收的功率经应答器中的整流电路后形成应答器的工作电压。

在 UHF 和 SHF 频率范围，有关电磁兼容的国际标准对读写器所能发射的最大功率有严格的限制，因此在有些应用中，应答器采用完全无源方式会有一定困难。为解决应答器的供电问题，可在应答器上安装附加电池。为防止电池不必要的消耗，应答器平时处于低功耗模式，当应答器进入读写器的作用范围时，应答器由获得的射频功率激活，进入工作状态。

2. 应答器至读写器的数据传输

由读写器传到应答器的功率的一部分被天线反射，反射功率 P_2 经自由空间后返回读写器，被读写器天线接收。接收信号经收发耦合器电路传输到读写器的接收通道，被放大后经处理电路获得有用信息。

应答器天线的反射性能受连接到天线的负载变化的影响，因此，可采用相同的负载调制方法实现反射的调制。其表现为反射功率 P_2 是振幅调制信号，它包含了存储在应答器中的识别数据信息。

3. 读写器至应答器的数据传输

读写器至应答器的命令及数据传输，应根据 RFID 的有关标准进行编码和调制，或者按所选用应答器的要求进行设计。

（三）声表面波应答器

1. 声表面波器件

声表面波（Surface Acoustic Wave，SAW）器件以压电效应和与表面弹性相关的低速传播的声波为依据。SAW 器件体积小、重量轻、工作频率高、相对带宽较宽，并且可以采用与集成电路工艺相同的平面加工工艺，制造简单并且设计灵活性高。

声表面波器件具有广泛的应用，如通信设备中的滤波器。在 RFID 应用中，声表面波应答器的工作频率目前主要为 2.45GHz。

2. 声表面波应答器

声表面波应答器的基本结构如图 2 - 4 所示，长长的一条压电晶体基片的端部有指状电极结构。基片通常采用石英铌酸锂或钽酸锂等压电材料制作，指状电极电声转换器（换能器）。在压电基片的导电板上附有偶极子天线，其工作频率和读写器的发送频率一致。在应答器的剩余长度安装了反射器，反射器的反射带通常由铝制成。

读写器送出的射频脉冲序列电信号，从应答器的偶极子天线发送至换能器。换能器将电信号转换为声波，转换的工作原理是利用压电衬底在电场作用时的膨胀和收缩效应。电场是由指状电极上的电位差形成的。一个时变输入电信号（即射频信号）引起压电衬底振动，并沿其表面产生声波。严格地说，传输的声波有表面波和体波，但主要是表面波，这种表面波纵向通过基片。一部分表面波被每个分布在基片上的反向带反射，而剩余部分到达基片的终端后被吸收。

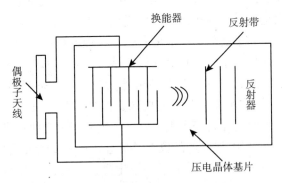

图 2-4 声表面波应答器原理结构图

一部分反向波返回换能器，在那里被转换成射频脉冲序列电信号（即将声波变换为电信号），并被偶极子天线传送至读写器。读写器接收到的脉冲数量与基片上的反射带数量相符，单个脉冲之间的时间间隔与基片上反射带的空间间隔成比例，从而通过反射的空间布局可以表示一个二进制的数字序列。

由于基片上的表面波传播速度缓慢，在读写器的射频脉冲序列电信号发送后，经过约 1.5 毫秒的滞后时间，从应答器返回的第一个应答脉冲才到达。这是表面波应答器时序方式的重要优点。因为在读写器周围所处环境中的金属表面上的反向信号以光速返回到读写器天线（例如，与读写器相距 100 米处的金属表面反射信号，在读写器天线发射之后 0.6 毫秒就能返回读写器），所以当应答器信号返回时，读写器周围的所有金属表面反射都已消失，不会干扰返回的应答信号。

声表面波应答器的数据存储能力和数据传输取决于基片的尺寸和反射带之间所能实现的最短间隔，实际上，16~32bit 的数据传输率大约为 500kb/s。声表面波 RFID 系统的作用距离主要取决于读写器所能允许的发射功率，在 2.45GHz 下，作用距离可达到 1~2 米。

采用偶极子天线的好处是它的辐射能力强，制造工艺简单，成本低，而且能够实现全向性的方向图。微带贴片天线的方向图是定向的，适用于通信方向变化不大的 RFID 系统，但工艺较为复杂，成本也相对较高。

第五节　RFID 中间件技术

中间件是与操作系统和数据库并列的基础软件，是基础软件中的一个大类。它属于可复用软件的范畴，一般处于操作系统、网络和数据库的上层，应用软件的下层，总的作用是为处于自己上层的应用软件提供运行与开发的环境，帮助用户灵活、高效地开发和集成复杂的应用软件，管理计算资源和网络通信。

最早具有中间件技术思想及功能的软件是 IBM 的 CICS，但由于 CICS 不是分布式环境的产物，因此人们一般把 Tuxedo 作为第一个严格意义上的中间件产品。Tuxedo 是 1984 年在贝尔实验室开发完成的，但是，在很长一段时期里只是实验室产品。因此，尽管中间件的概念很早就已产生，但中间件技术的广泛运用却是最近 10 年的事情，许多中间件产品也都是最近几年才逐渐成熟起来的。

1998 年 IDC 公司对中间件做出了一个定义，并根据用途将中间件划分为 6 类。但是，随着技术的发展和应用的扩展，现如今仅保留下来"消息中间件"和"交易中间件"两类，其他的类别已经被逐步融合到其他产品中。在市场上已没有单独的产品形态出现了。例如，当时有一个叫屏幕数据转换的中间件，其主要用于将 IBM 大机终端的字符界面转化为用户所喜欢的图形界面，但随着 IBM 大机环境越来越少，此类中间件已经很少再被单独提及。

我们现在所说的物联网中间件的内涵已经不是初期的概念，它主要指：实现物联网工程中硬件设备与应用系统之间数据传输、过滤，数据格式转换的一种中间程序，将 RFID 读写器读取的各种数据信息，经过中间件提取、解密、过滤、格式转换，导入企业的管理信息系统，并通过应用系统反映在程序界面上，供操作者浏览、选择、修改和查询。中间件技术也降低了应用开发的领域。目前，中间件在国内整个软件行业中应该是发展速度最快的市场之一。中国在传感器、传感网、RFID 创新研究，以及物联网标准建设上，也做了大量探索性工作，取得了十分可喜的进展。当前，中国软件产业经过 20 年的发展，正在向深度应用转变。在这个战略性转变中，最为人们所重视的就是各类信息资源之间的关联、整合、协同、互动和按需服务，这恰恰是中间件发挥作用，展示能量的极好机会。

中国在中间件技术上起步较早，进展也较快。在国家 863 等计划的支持下，国防科技大学、中科院软件所、北京大学和北京航空航天大学等国内研究机构已开发出产品化程度较高的，与国际先进技术同步发展的中间件成果；国内已涌现出中创软件中间件、东方通科技和金蝶中间件等一批从事中间件产品开发的专业公司，并在金融、电信、交通、政务和军事等领域获得大量成功应用，取得了明显的社会效益和经济效益。

为此，国家已经将"国产中间件参考实现及平台"以及"集成化中间件套件产品研发及产业化"等课题列入了《国家中长期科学和技术发展规划纲要（2006～2020年）》中，成为与飞机、载人航天与探月工程并列的16个重大科技专项之一，成为引领中国信息产业发展的国家级战略项目。该项目的研究目标是：制定国际兼容、具有自主知识产权的构件化、服务化软件运行平台标准体系，并开发其参考实现和网络应用软件运行平台，为支持国产中间件软件在若干国家重大信息化工程中获得关键性、持续性应用提供基础性资源和设施。研发具有自主知识产权的中间件产品，打造自主中间件品牌，推进产业化。

一、RFID 中间件的组成及功能特点

RFID中间件，负责实现与RFID硬件以及配套设备的信息交互与管理，同时作为一个软硬件集成的桥梁，它将要完成与上层复杂应用的信息交换。鉴于此，大多数中间件应由读写器适配器、事件管理器和应用程序接口三个组件组成。

（一）读写器适配器

读写器适配器的作用是提供读写器接口。假若每个应用程序都编写适应于不同类型读写器的API程序，那将是非常麻烦的事情。读写器适配器程序提供一种抽象的应用接口，来消除不同读写器与API之间的差别。

（二）事件管理器

事件管理器的作用是过滤事件。读写器不断从电子标签读取大量未经处理的数据，一般说来应用系统内部存在大量重复数据，因此数据必须进行去重和过滤。而不同的数据子集，中间件应能够聚合汇总用系统定制的数据集合。事件管理器就是按照规则取得指定的数据。过滤有两种类型，一是基于读写器的过滤；二是基于标签和数据的过滤。提供这种事件过滤的组件就是事件管理器。

（三）应用程序接口

应用程序接口的作用是提供一个基于标准的服务接口。这是一个面向服务的接口，即应用程序层接口，它为RFID数据的收集提供应用程序的语义。

RFID中间件的主要功能特点如下：

（一）独立于架构具有减轻架构与维护复杂性的能力

RFID中间件是一种消息导向的软件中间件，信息是以消息的形式从一个程序模块传递到另一个或多个程序模块。消息可以非同步的方式传送，所以传送者

不必等待回应。

　　RFID 中间件独立并介于 RFID 读写器与后端应用程序之间，具有独立性。它不依赖于某个 RFID 系统和应用系统，并且能够与多个 RFID 读写器以及多个后端应用程序连接，以减轻架构与维护的复杂性。物联网中间件架构示意图如图 2 - 5 所示。

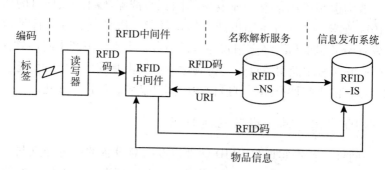

图 2 - 5　物联网中间件架构示意图

（二）数据流动中实现格式转换

　　数据处理应该是 RFID 最重要的功能之一。但是，由于 RFID 中间件具有数据的采集、过滤、整合与传递等特性，以便将正确的对象信息传到企业后端的应用系统。因此 RFID 中间件的一个重要任务在于对数据的采集、过滤、整合与传递的过程中，对数据流进行了格式的转换处理，将实体对象格式转换为信息环境下的虚拟对象格式。

（三）数据动态传输中进行有效处理

　　RFID 中间件是一种消息中间件，其重要功能是提供顺序的消息流，具有数据流设计与管理的能力。在系统运行中，需要维护数据的传输路径，支撑数据路由和遵从数据分发规则，进行分发、对应传输和有效处理；同时在数据传输中，又要对数据的安全性进行管理（包括数据的一致性），要保证接收方收到的数据和发送方发送数据的一致性，还要保证数据传输中的安全性。

（四）固化了很多通用功能但需开发个性应用功能

　　RFID 中间件在原有的企业应用中间件发展的基础之上，结合自身应用特性进一步扩展并深化了中间件在实践中的应用。因此，物联网中间件的特点是它固化了很多通用功能，但在具体应用中多半需要"二次开发"来满足个性化的行业业务需求或项目业务需求，因此所有物联网中间件都要提供快速开发（RAD）工具，用以进行个性化应用开发。

二、RFID 中间件体系结构

RFID 中间件技术涉及的内容比较多，包括并发访问技术、目录服务及定位技术、数据及设备监控技术、远程数据访问、安全和集成技术、进程及会话管理技术等。但任何 RFID 中间件应能够提供数据读出和写入、数据过滤和聚合、数据的分发和数据的安全等服务。根据 RFID 应用需求，中间件必须具备通用性、易用性和模块化等特点。对于通用性要求，系统采用面向服务架构（Service Oriented Architecture，SOA）的实现技术，Web Services 以服务的形式接受上层应用系统的定制要求并提供相应服务，通过读写器适配器提供通用的适配接口以"即插即用"的方式接收读写器进入系统；对于易用性要求，系统采用 B/S 结构，以 Web 服务器作为系统的控制枢纽，以 Web 浏览器作为系统的控制终端，可以远程控制中间件系统以及下属的读写器。

例如，根据 SOA 的分布式架构思想，RFID 中间件可按照 SOA 类型来划分层次，每一层都有一组独立的功能以及定义明确的接口，而且都可以利用定义明确的规范接口与相邻层进行交互。把功能组件合理划分为相对独立的模块，使系统具备更好的可维护性和可扩展性，如图 2 – 6 所示，将中间件系统按照数据流程划分为设备管理系统（包括数据采集及预处理）、事件处理以及数据服务接口模块。

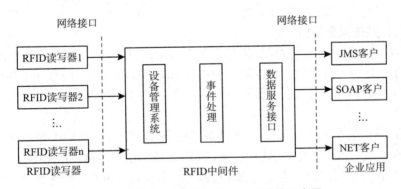

图 2 – 6　分布式 RFID 中间件分层结构示意图

（一）设备管理系统

设备管理系统实现的主要功能：一是为网络上的读写器进行适配，并按照上层的配置建立实时的 UDP 连接，并做好接收标签数据的准备；二是对接收到的数据进行预处理。读写器传递上来的数据存在着大量的冗余信息以及一些误读的标签信息，所以要对数据进行过滤，消除冗余数据。预处理内容包括集中处理所属读写器采集到的标签数据，并统一进行冗余过滤、平滑处理、标签解读等工作。经过处理后，每条标签内容包含的信息有标准 EPC 格式数据、采集的读写器编号、首次读取时间、末次读取时间等，并以一个读周期为时间间隔，分时向事件处理子系统发送，为进一步的数据高级处理做好必要准备。

（二）事件处理

在 RFID 系统中，一方面是各种应用程序以不同的方式频繁地从 RFID 系统中取得数据；另一方面却是有限的网络带宽，这种矛盾使得设计一套消息传递系统成为自然而然的事情。

设备管理系统产生事件，并将事件传递到事件处理系统中，由事件处理系统进行处理，然后通过数据服务接口把数据传递到相关的应用系统。在这种模式下，读写器不必关心哪个应用系统需要什么数据。同时，应用程序也不需要维护与各个读写器之间的网络通道，仅需要将需求发送到事件处理系统中即可。由此，设计出的事件处理系统应具有如下功能：①数据缓存功能；②基于内容的路由功能；③数据分类存储功能。

来自事件处理系统的数据一般以临时 XML 文件的形式和磁盘文件方式保存，供数据服务接口使用。这样，一方面可通过操作临时 XML 文件，实现数据入库前数据过滤功能；另一方面又实现了 RFID 数据的批量入库，而不是对于每条来自设备管理系统的 RFID 数据都进行一次数据库的连接和断开操作，减少了因数据库连接和断开而浪费的宝贵资源。

（三）数据服务接口

来自事件处理系统的数据最终是分类的 XML 文件。同一类型的数据以 XML 文件的形式保存，并提供给相应的一个或多个应用程序使用。而数据服务接口主要是对这些数据进行过滤、入库操作，并提供访问相应数据库的服务接口。具体操作如下：

（1）将存放在磁盘上的 XML 文件进行批量入库操作，当 XML 数据量达到一定数量时，启动数据入库功能模块，将 XML 数据移植到各种数据库中。

（2）在数据移植前将重复的数据过滤掉。数据过滤过程一般在处理临时存放的 XML 文件的过程中完成。

（3）为企业内部和企业外部访问数据库提供 WebServices 接口。

第六节　RFID 应用系统开发示例

运用 RFID 技术设计开发一个实际应用系统是主要目的所在。下面通过一个

RFID 应用系统的示例，在介绍阅读器的开发技术基础上，介绍 RFID 在 ETC 系统的应用示例。

一、RFID 系统开发技术简介

一个实际的 RFID 应用系统一般由硬件和软件两大部分组成，其中硬件部分关键是读写器。读写器的硬件结构主要可以分为主控模块和射频发射模块两部分，以及其他辅助部分，组成框图如图 2 - 7 所示。

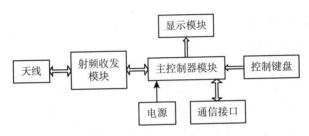

图 2 - 7　RFID 系统读写器硬件组成

（一）主控制器选择

读写器主控制器可以采用 Nios II 软核处理器，该软核处理器是被嵌入到 Altera Cyclone FPGA 系列的 EP1C6T144C8 中。

1. Altera Cyclone FPGA 系列简介

FPGA 是英文 Field Programmable Gate Array 的缩写，即现场可编程门阵列，它是在可编程阵列逻辑（Programmable Array Logic，PAL）、门阵列逻辑（Gate Array Logic，GAL）和可编程逻辑器件（Programmable Logic Device，PLD）等可编程器件的基础上进一步发展的产物。它是作为专用集成电路（Application Specific Integrated Circuit，ASIC）领域中的一种半定制电路而出现的，既解决了定制电路的不足，又克服了原有可编程器件门电路数有限的缺点。

Altera Cyclone FPGA 是目前市场上性价比最优且价格最低的 FPGA。Cyclone 器件具有为大批量价格敏感应用优化的功能集，这些应用市场包括消费类、工业类、汽车业、计算机和通信类。器件基于成本优化的全铜 1.5V SRAM 工艺，容量从 2 910 ~ 20 060 个逻辑单元，具有多达 294912bit 嵌入 RAM。

Altera Cyclone FPGA 支持各种单端 I/O 标准如 LVTTL、LVCMOS、PCI 和 SSTL - 2/3，通过 LVDS 和 RSDS 标准提供多达 129 个通道的差分 I/O 支持。每个 LVDS 通道高达 640Mb/s。Cyclone 器件具有双数据速率（DDR）SDRAM 和 FCRAM 接

口的专用电路。Cyclone FPGA 中有两个锁相环（PLL）提供六个输出和层次时钟结构，以及复杂设计的时钟管理电路。这些业界最高效架构特性的组合使得 FP-GA 系列成为 ASIC 最灵活和最合算的替代方案。

2. Nios II 简介

Nios II 系列软核处理器是 Altera 的第二代 FPGA 嵌入式处理器，其性能超过 200DMIPS，在 Altera FPGA 中实现仅需 35 美分。Altera 的 Stratix、StratixGX、Stratixn 和 Cyclone 系列 FPGA 全面支持 Nios II 处理器，以后推出的 FPGA 器件也将支持 Nios II 。

Nios II 系列包括 3 种产品，分别是：Nios II/f（快速）——最高的系统性能，中等 FPGA 使用量；Nios II/s（标准）——高性能，低 FPGA 使用量；Nios II/e（经济）——低性能，最低的 FPGA 使用量。这 3 种产品具有 32 位处理器的基本结构单元——32 位指令大小、32 位数据和地址路径、32 位通用寄存器和 32 个外部中断源，使用同样的指令集架构（ISA），100% 二进制代码兼容，设计者可以根据系统需求的变化更改 CPU，选择满足性能和成本的最佳方案，而不会影响已有的软件投入。

3. SOPC 简介

SOPC 是英文 Systemon Programmable Chip 的缩写，即可编程片上系统。用可编程逻辑技术把整个系统放到一块硅片上，称为 SOPC。可编程片上系统（SOPC）是一种特殊的嵌入式系统：首先它是片上系统（SOC），即由单个芯片完成整个系统的主要逻辑功能；其次，它是可编程系统，具有灵活的设计方式，可裁减、可扩充、可升级，并具备软硬件在系统可编程的功能。

SOPC 结合了 SOC、PLD 和 FPGA 的优点，一般具备以下基本特征：①至少包含一个嵌入式处理器内核；②具有小容量片内高速 RAM 资源；③丰富的 IP-Core 资源可供选择；④足够的片上可编程逻辑资源；⑤处理器调试接口和 FPGA 编程接口；⑥可能包含部分可编程模拟电路；⑦单芯片、低功耗、微封装。

SOPC 设计技术涵盖了嵌入式系统设计技术的全部内容，除了以处理器和实时多任务操作系统（RTOS）为中心的软件设计技术，以 PCB 和信号完整性分析为基础的高速电路设计技术以外，SOPC 还涉及目前已引起普遍关注的软硬件协同设计技术。由于 SOPC 的主要逻辑设计是在可编程逻辑器件内部进行的，而 BGA 封装已被广泛应用在微封装领域中，传统的调试设备，如逻辑分析仪和数字示波器，已很难进行直接测试分析，因此，必将对以仿真技术为基础的软硬件协同设计技术提出更高的要求。同时，新的调试技术也不断地涌现出来，如 Xilinx 公司的片内逻辑分析仪 ChipScopeILA 就是一种价廉物美的片内实时调试工具。

（二）射频收发模块

目前，射频收发模块可供选择的产品主要有 Skye Module 模块和 CC1100 模块。

1. Skye Module 模块简介

Skye Module 是 Skye Tek 公司生产的超高频（562～955MHz）RFID 读写器模块，可以对基于 ISO18000 − 6B、EPC Class1 Genz 空中接口协议标准的标签进行读写操作。Skye Tek 公司已经为 Skye Module 模块制定了专门的通信协议，控制器只需要按照通信协议格式就可以通过串行接口或 USB 接口与 Skye Module 模块进行通信，读取标签信息或对 Skye Module 模块进行配置。

两根串口线分别是 TXD 和 RXD 连接（没有握手协议）。TXD 和 RXD 可以在模块上找到相应的点。根据 Skye Tek Protocol v3 协议（ASCLL 或二进制格式），数据在主机和 Skye Module 之间进行交换。图 2 − 8 所示是典型的例子。发送 1 的 ASCII 码，即 49（十进制）＝0X31（十六进制）＝0b00110001（二进制）。

对于 Skye Module 模块，波特率是可选的，通过相应的系统参数来设置，程序出厂默认波特率 38 400 波特，无奇偶校验，8 位数据，1 位停止位。

当 Skye Module 模块和 PC 相连时，应进行 TTL 和 RS − 232 间的电平转换。

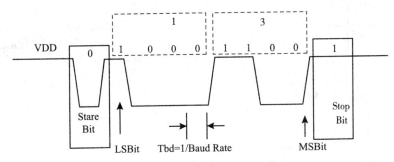

图 2 − 8 **Skye Module** 发射示意图

2. CC1100 模块简介

CC1100 是一种低成本真正单片的 UHF 收发器，为低功耗无线应用而设计。电路主要设定为在 315、433、868 和 915MHz 的 ISM 和 SRD（短距离设备）频率波段，也可以容易地设置为 300～348MHz、400～464MHz 和 800～928MHz 的其他频率。

RF 收发器集成了一个高度可配置的调制解调器。这个调制解调器支持不同的调制格式，其数据传输率可达 500kb/s。通过开启集成在调制解调器上的前向误差校正选项，性能得到了提升。

CC1100 为数据包处理、数据缓冲、突发数据传输、清晰信道评估、连接质量指示和电磁波激发提供广泛的硬件支持。

CC1100 的主要操作参数和 64 位传输/接收 FIFO（先进先出堆栈）可通过 SPI 接口控制。在一个典型系统里，CC1100 和一个微控制器及若干被动元件一起使用。使用 CC1100 只需少量的外部元件，推荐的应用电路如图 2 – 9 所示，详细内容请查看相关文献。

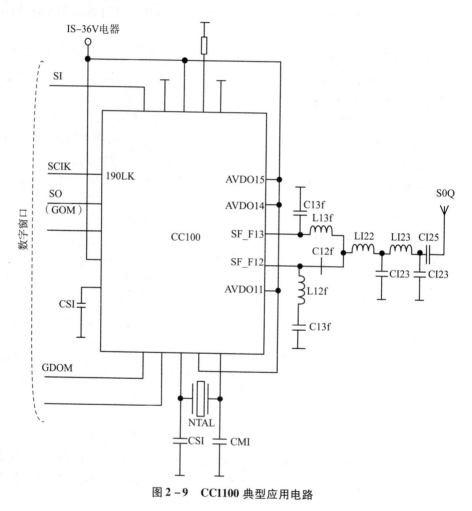

图 2 – 9 CC1100 典型应用电路

二、基于 RFID 技术的 ETC 系统设计

电子收费系统（Electronic Toll Collection System，ETC）又称不停车收费系

统，是利用 RFID 技术，实现车辆不停车自动收费的智能交通系统。ETC 在国外已有较长的发展历史，美国、欧洲等国家和地区的电子收费系统已经局部联网并逐步形成规模效益。我国以 IC 卡、磁卡为介质，采用人工收费方式为主的公路联网收费方式无疑也受到这一潮流的影响。

在不停车收费系统特别是高速公路自动收费应用上，RFID 技术可以充分体现出它的优势，即在让车辆高速通过完成自动收费的同时，还可以解决原来收费成本高、管理混乱以及停车排队引起的交通拥塞等问题。

（一）基于 RFID 技术的 ETC 系统

ETC 系统广泛采用了现代的高新技术，尤其是电子方面的技术，包括无线电通信、计算机和自动控制等多个领域。与一般半自动收费系统相比，ETC 具有两个主要特征：一是在收费过程中流通的不是传统的纸币现金，而是电子货币；二是实现了公路的不停车收费。即使用 ETC 系统的车辆只需要按照限速要求直接驶过收费道口，收费过程通过无线通信和机器操作自动完成，不必再像以往一样在收费亭前停靠、付款。ETC 系统不停车电子收费系统功能包括：收费站、收费数据采集、管理收费车道的交通、车道控制机与后台结算网络的数据接口、内部管理功能、查询系统。ETC 系统结构如图 2－10 所示。

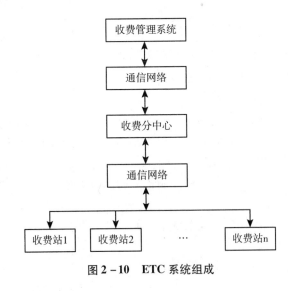

图 2－10　ETC 系统组成

1. 收费管理系统

收费管理系统是整个收费管理系统的控制和监视中心。各收费分中心的运作都要通过收费管理系统来完成。它提供以下几个功能：

①汇集各个路桥自动收费系统的收费信息；

②监控所有收费站系统的运行状态；

③管理所有标识卡和用户的详细资料，并详细记录车辆通行情况，管理和维护电子标签的账户信息；

④提供各种统计分析报表及图表；

⑤收费管理中心可通过网络连接各收费站以进行数据交换及管理（也可采用脱机方式，通过便携机或权限卡交换数据）；

⑥查询缴费情况、入账情况、各路段的车流量等情况；

⑦执行收费结算，形成电子标签用户和业主的转账数据。

2. 收费分中心

收费分中心的主要功能应有：

①接收和下载收费管理系统运行参数（费率表、黑名单、同步时钟、车型分类标准及系统设置参数等）；

②采集辖区内各收费站上传的收费数据；

③对数据进行汇总、归档、存储，并打印各种统计报表；

④上传数据和资料给收费管理系统；

⑤票证发放、统计和管理；

⑥抓拍图像的管理；

⑦收费系统中操作、维修人员权限的管理；

⑧数据库和系统维护、网络管理等。

3. 通信网络

通信网络负责在收费系统与运行系统之间、在各站口的收费系统之间传输数据，包括收费站与收费中心的通信，出于对安全的考虑，收费站与收费中心之间采用 TCP/IP 协议进行文件传输。

收费站数据库服务器与各车道控制机之间的数据通信，该模块与车道控制系统的通信模块是对等的，提供的主要功能为：

①更新数据，当接收完上级系统下传的更新数据并写入数据库后，向各车道控制机发送更新后的数据；

②接收数据，实时接收车道上传的原始过车记录和违章车辆信息；

③发送控制指令，当接收到车道监控系统发来的车道控制指令后，将该指令实时地转发到对应的车道控制机中。

4. 收费站

收费站采用智能型远距离非接触收费机，当车辆驶抵收费站时，通过车辆上配备的电子标签，通过"刷卡"，收费站的收费机将数据写入卡片并上传给收费站的微机，可使唯一车辆收到信号，车辆在驶至下个收费站时，刷卡后，经过卡片和收费机的 3 次相互认证，并将电子标签上的相关信息发给收费站的收费机。经收费机无线接收系统核对无误后完成一次自动收费，并开启绿灯或其他放行信号，控制道闸抬杆，指示车辆正常通过。如收不到信号或核对该车辆通行合法性有误，则维持红灯或其他停车信号，指示该车辆属于非正常通行车辆，同时安装的高速摄像系统能将车辆的有关信息数据快速记录下来并通知管理人员进行处理。车主的开户、记账、结账和查询（利用互联网或电话网），可利用计算机网络进行账务处理，通过银行实现本地或异地的交费结算。收费计算机系统包括一个可记录存储多达 20 万辆车辆的数据库，可以根据收费接收机送来的识别码和入口码等进行检索、运算与记账，并可将运算结果送到执行机构。执行机构包括可显示车牌号、应交款数和余款数等。

（二）基于 RFID 技术的 ETC 系统的硬件设计

ETC 的工作流程为：当有车进入自动收费车道并驶过在车道的入口处设置的地感线圈时，地感线圈就会产生感应而生成一个脉冲信号，由这个脉冲信号启动射频识别系统。由读写器的控制单元控制天线搜寻是否有电子标签进入读写器的有效读写范围。如果有则向电子标签发送读指令，读取电子标签内的数据信息，送给计算机，由计算机处理完后再由车道后面的读写器写入电子标签，打开栏杆放行，并在车道旁的显示屏上显示此车的收费信息，这样就完成了一次自动收费。如果没找到有效的标签则发出报警，放下栏杆阻止恶意闯关，迫使其进入旁边预设的人工收费通道。

从 ETC 的工作流程分析，可知一个较为完整的 ETC 车道所需的各个组成部分，据此可设计如图 2-11 所示的 ETC 车道自动收费系统框架图。嵌入式系统主要完成总体控制，MSP430 单片机则主要负责车辆缴费信息的显示，二者互为冗余且都可控制整个系统，一旦一方出现异常，另一方即可发出报警信息，在故障排除前代其行使职责，以保证 ETC 车道的正常工作。具体各部分的硬件选择及设计将在后面具体说明。

1. 车辆检测器的设计

车辆检测器是高速公路交通管理与控制的主要组成部分之一，是交通信息的采集设备。它通过数据采集和设备监控等方式，在道路上实时地检测交通量、车辆速度、车流密度和时空占有率等各种交通参数，这些都是智能交通系统中必不可少的参数。检测器检测到的数据，通过通信网络传送到本地控制器中或直接上传至监控中心计算机中，作为监控中心分析、判断、发出信息和提出控制方案的主要依据。它在自动收费系统中除了采集交通信息外还扮演着 ETC 系统开关的角色。

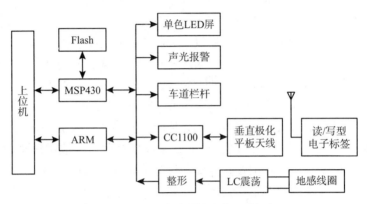

图 2-11　ETC 车道自动收费系统框架图

使用车辆检测器作为 ETC 系统的启动开关，当道路检测器检测到有车辆进入时，就发送一个电信号给 RFID 读写器的主控 CPU，由主控 CPU 启动整个射频识别系统，对来车进行识别，并完成自动收费。

目前，常用的车辆检测器种类很多，有电磁感应检测器、波频车辆检测器和视频检测器等类型，具体的有环形线圈（地感线圈）检测器、磁阻检测器、微波检测器、超声波检测器和红外线检测器等。其中，地感线圈检测器和超声波检测器都可做到高精度检测并且受环境以及天气的影响较少，更适用于 ETC 系统。但是，超声波检测器必须放置在车道的顶部，而 ETC 中最关键的射频识别读写器天线也需要放置在车道比较靠上的位置，二者就有可能会互相影响，且超声波检测器价格更高，故其性价比要稍逊于地感线圈。更重要的是，地感线圈的技术更加成熟。

地感线圈的原理结构如图 2-12 所示，其工作原理是，埋设在路面下使环形线圈电感量随之降低，当有车经过时会引起电路谐振频率的上升，只要检测到此频率随时间变化的信号，就可检测出是否有车辆通过。环形线圈的尺寸可随需要而定，每车道埋设一个，计数精度可达到 ±2%。

2. 双核冗余控制设计

考虑到不停车电子收费系统需要常年在室外环境下工作，会受到各种恶劣天气的影响以及各种污染的侵蚀，对其核心控件采取冗余设计以保证系统的正常工作，即采用了双核控制的策略——嵌入式系统和单片机的冗余控制。这一策略的具体内容是，平时二者都处于工作状态，各司其职，嵌入式系统负责总体控制，单片机负责大屏幕显示，相互通信时都先检查对方的工作状态，一旦某一个 CPU 状态异常，另一个就立即启动设备异常报警，并暂时接管其工作以保证整个系统的正常工作，直到故障排除恢复正常状态。之所以选择嵌入式系统和 MSP430 单片机，是因为嵌入式系统的实时性、稳定性更好，功能更加强大，有利于产品的更新换代。而 MSP430 单片机则以超低功耗、超强功能的低成本微型化的 16 位单片机著称，这有利于降低系统功耗、提高系统寿命，其众多的 I/O 接口也可为日后的系统升级提供足够的空间。

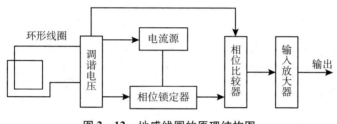

图 2 - 12　地感线圈的原理结构图

这种冗余设计的实现主要是通过两套控制系统完成的，即嵌入式系统和 MSP430 单片机都各有一套控制板，都可与射频收发芯片进行信息交换，都可采集地感线圈的脉冲信号，都可控制栏杆、红绿灯、声光报警、显示屏等车道设备。这二者之间采用 RS - 485 通信，每次通信时都先检测对方的工作状态，如果出现异常则紧急启动本控制系统中的备用控制程序。

3. 电子标签与阅读器

电子标签与阅读器的核心收发模块可采用 CC1100，有关内容可以查看相关资料。

习　　题

1. RFID 系统的硬件组成有哪几部分？各部分分别实现什么功能？
2. RFID 系统中的软件组件有哪些？
3. 简述 RFID 的工作原理。

第三章 传感器及检测技术

本章重点
- 传感器的组成
- 常见传感器

本章主要介绍传感器的概念、传感器的组成和常见传感器的原理和应用，使初学者了解常用传感器的原理，以期在实际的设计应用与开发的过程中能够选择合适的传感器型号。

第一节 传感器概述

一、传感器的概念

传感技术是关于从自然信源获取信息，并对之进行处理（变换）和识别的一门多学科交叉的现代科学与工程技术，它涉及传感器，信息处理和识别的规划设计、开发、制造或建造、测试、应用及评价改进等活动。传感技术同计算机技术和通信技术一起被称为信息技术的三大支柱。从仿生学观点来看，如果把计算机看成处理和识别信息的"大脑"，把通信系统看成传递信息的"神经系统"的话，那么传感器就是"感觉器官"。

传感器是能感受规定的被测量并按照一定规律转换成可用输出信号的器件或者装置，通常由敏感元件和转换元件组成。其中，敏感元件是指适于传输和测量的电信号部分。传感器输出信号很多形式，如电压、电流、频率、脉冲等，输出信号的形式由传感器的原理决定。然而，并不是所有的传感器都能明显区分敏感元件与转换元件两个部分，而是二者合为一体。例如，半导体元器件、湿度传感器等，它们一般都是将感受的被测量直接转换为电信号，没有中间转换环节。

二、传感器的组成

通常，传感器由敏感元件和转换元件组成。由于传感器输出信号一般都很微弱，所以需要有信号调节与转换电路将其放大或变换为容易传输、处理、记录和显示的形式。随着半导体器件与集成技术在传感器中的应用，传感器的信号调节与转换可以安装在传感器的壳体内，也可与敏感元件一起集成在同一芯片，如图 3 - 1 所示。

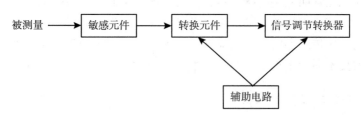

被测量　→　敏感元件　→　转换元件　→　信号调节转换器

辅助电路

图 3 - 1　传感器组成方框图

常见的信号调节与转换电路有放大器、电桥、振荡器、电荷放大器等，他们分别与相应的传感器相配合。

三、传感器的分类

传感器的种类繁多，分类方法也很多。可以按输入量、工作原理、物理现象、能力关系及它们输出信号类型进行分类。

以下给出常见的分类方法：

（1）按输入量分类：位移传感器、速度传感器、温度传感器、压力传感器等，传感器一般以被测物理量命名。

（2）按工作原理分类：应变式、电容式、电感式、压电式、热电式等，传感器一般以其工作原理命名。

（3）按物理现象分类：结构型传感器，传感器以其结构参数变化实现信息转换。特性型传感器，传感器依赖其敏感元件物理特性的变化来实现信息转换。

（4）按能量关系分类：能量转换型传感器，传感器直接将被测量的能量转换为输出量的能量。能量控制型传感器，由外部供给传感器能量，而由被测量来控制输出的能量。

（5）按输出信号类型分类：模拟式传感器，输出为模拟量。数字式传感器，输出为数字量。

四、传感器的应用

人类社会已进入信息和大数据时代，人们的社会活动主要围绕着对信息资源的开发及获取、传输与处理。传感器处于研究对象与测试系统的接口位置。因此，传感器成为感知、获取与检测信息的窗口，一切科学研究与自动化生产过程要获取的信息都要通过传感器获取并通过它转换为容易传输与处理的电信号。

若将计算机比喻为人的大脑，那么传感器则可以比喻为人的感觉器官。假设，没有功能正常而完美的感觉器官，就不能迅速而准确地采集与转换欲获得的外界信息，即使是再好的大脑也无法发挥其应有的作用。科学技术越发达，自动化程度越高，对传感器的依赖性就越大。所以，20世纪80年代以来，世界各国都将传感器技术列为重点发展的高技术，备受重视。

五、传感器的发展趋势

传感器技术所涉及的知识非常广泛，渗透到各个学科领域。但是它们的共性是利用物理定理和物质的物理、化学和生物特性，将非电量转换成电量。所以如何采用新技术、新工艺、新材料及探索新理论达到高质量的转换，是传感器技术的首要发展途径。

当前，传感器技术的发展趋势：一是开展基础研究，研究系统性和协调性，突出创造性；二是实现传感器的集成化与智能化。

（1）强调传感技术系统的协同和传感器处理与识别的协调发展，将传感器同信息处理、识别技术与系统的研究、开发、生产、应用及改进紧密结合，按照信息论与系统论，应用工程的方法，同计算机技术和通信技术协同发展。

（2）利用新的理论，新的原理研究开发工程与科技发展迫切需求的多种新型传感器和传感技术系统。

（3）侧重传感器与传感技术硬件系统与元器件的微型化。利用集成电路微型化的经验，从传感技术硬件系统的微型化中提高其可靠应、质量、处理速度和生产率，降低成本，节约资源与能源，减少对环境的污染。在微型化研究中，世界各国重点采用纳米技术。

（4）集成化。进行硬件与软件两方面的集成，它包括传感器阵列的集成和多功能、多传感参数的复合传感器（如汽车用的油量、酒精检测和发动机工作性能的复合传感器）。传感系统硬件的集成（如信息处理与传感器的集成），传感器—处理单元—识别单元的集成等，以及硬件与软件的集成，数据集成与融合等。

（5）研究与开发特殊环境（如高温、高压、水下、腐蚀和辐射等）下的传感器与传感技术系统。

（6）对一般工业用途、农业和服务业用的量大面广的传感技术系统，侧重解决提高可靠性、可利用性和大幅度降低成本的问题，以适应工农业与服务业的发展。

（7）彻底改变"只重视新研究开发而轻应用与改进"的研究局面，实行需求驱动的全过程、全寿命研究开发、生产、使用和改进的系统工程。

（8）智能化。侧重传感信号的处理和识别技术，方法和装置同自校准、自诊断、自学习、自决策、自适应和自组织等人工智能技术结合，发展支持智能制造、智能机器和智能制造系统发展的智能传感技术系统。

第二节 常见传感器

传感器的性能指标可以通过各种传感器的特性衡量，传感器特性是指传感器所特有性质的总称。而传感器输入/输出特性是其基本特性，一般把传感器作为二端网络的外部特性，即输入量和输出量的对应关系。由于输入作用量的状态（静态、动态）不同，同一个传感器所表现的输入/输出特性也不一样，因此有静态特性、动态特性之分。由于不同传感器的内部参数各不相同，因此从分析传感器的内特性入手，分析它们的工作原理、输入/输出特性与内部参数的关系、误差产生的原因、规律和量程关系等是一项重要内容。这里我们主要从静态和动态角度给出输入/输出特性。

传感器的静态特性是指静态的输入信号，传感器的输出量与输入量之间所具有相互关系。因为此时的输入量和输出量都与时间无关，所以传感器的静态特性可由一个不含时间变量的代数方程，或以输入量作横坐标，把与其对应的输出量作纵坐标的曲线来描述。表示传感器静态特性的主要参数有线性度、灵敏度、迟滞、重复性和漂移等。

（1）线性度：指传感器输出量与输入量之间的实际关系曲线偏离拟合直线的程度。定义是全量程范围内实际特性曲线与拟合直线之间的最大偏差值与满量程输出值之比。

（2）灵敏度：灵敏度是传感器静态特性的一个重要指标。其定义为输出量的增量与引起及增强的相应输入量增量之比，用 S 表示。

（3）迟滞：传感器输入量由小到大（正行程）及输入量由大到小（反行程）变成期间其输入/输出特性曲线不重合的现象成为迟滞。对于同一大小的输入信号，传感器的正反行程输出信号大小不相等，这个差值称为迟滞差值。

（4）重复性：重复性是指传感器在输入量按同一方向作全量程连续多次变化时，所得特性曲线不一致的程度。

（5）漂移：传感器的漂移是指在输入量不变的情况下，传感器输出量会发生变化，此现象称为漂移。产生漂移的原因有两个方面：一是传感器自身结构参数；二是周围环境（如温度、湿度等）。

传感器的动态特性是指传感器在输入变化时，它输出的特性。在实际工作中，传感器的动态特性常用它对某些标准输入信号的响应来表示，因为传感器对标准输入信号的响应容易用实验方法求得，并且它对标准输入信号的响应与它对任意输入信号的响应之间存在一定的关系，往往知道了前者就能推定后者。最常用的标准输入信号有阶跃信号和正弦信号两种，所以传感器的动态特性也常用阶跃响应和频率响应来表示。

传感器的种类繁多，以下就几种典型的传感器分别介绍。它们是霍尔传感器、温度传感器、压力传感器、位移传感器、光电传感器、红外传感器等。

一、霍尔传感器简介

霍尔传感器是根据霍尔效应制作的一种磁场传感器。霍尔效应是磁电效应的一种，这一现象是霍尔于 1879 年在研究金属的导电机制时发现的。后来发现半导体、导电流体也有这种效应，而半导体的霍尔效应比金属强得多，利用这一现象制成的各种霍尔元件，广泛用于工业自动化技术、检测技术及信息处理等方面。霍尔效应是研究半导体材料性能的基本方法。通过霍尔效应实验测定的霍尔系数，能够判断半导体材料的导电类型、载流子浓度及载流子迁移率等重要参数。

（1）霍尔效应。在半导体薄片两端通过一控制电流 I，并在薄片的垂直方向施加磁感应强度为 B 的匀强磁场，则在垂直于电流和磁场的方向上，将产生电势差为 Un 的霍尔电压。

（2）霍尔元件。根据霍尔效应，人们用半导体材料制成的元件叫霍尔元件。它具有对磁场敏感、结构简单、体积小、频率响应宽、输出电压变化大和使用寿命长等优点。因此，在测量、自动化、计算机和信息技术等领域得到广泛的应用。

（3）霍尔传感器的分类。按照霍尔器件的功能可将它们分成线性型霍尔传感器和开关型霍尔传感器两种。

线性型霍尔传感器由霍尔元件、线性放大器和射极跟随器组成，它输出模拟量。开关型霍尔传感器由稳压器、霍尔元件、差分放大器，斯密特触发器和输出极组成，它输出数字量。

霍尔器件具有很多优点：它们的结构牢固、体积小、重量轻、寿命长，安装方便，功耗小，频率高（可达 1MHz），耐震动，不怕灰尘、油污、水汽及烟雾等污染或腐蚀。

霍尔线性器件的精度高、线性度好；霍尔开关器件无触点、无磨损、输出波形清晰、无抖动、无回跳、位置重复精度高（可达 μm 级）。采用了各种补偿和保护措施的霍尔器件的工作温度范围可达 −55℃ ~ 150℃。

二、温度传感器简介

能感受温度并转换成可用输出信号的传感器，主要是利用物质各种物理性质随温度变化的规律把温度转换成电量的原理，是温度测量仪表的核心部分。按测量方式可分为接触式和非接触式两大类，按照传感器材料及电子元件特性分为热电阻和热电偶两类。

（一）接触式温度传感器

接触式温度传感器的检测部分与被测对象有良好的接触，又称温度计。温度计通过传导或对流达到热平衡，从而使温度计的示值能直接表示被测对象的温度，一般测量精度较高。一定的测温范围内，温度计也可测量物体内部的温度分布。但对于运动体，小目标或热容量很小的对象则会产生较大的测量误差。常用的温度计有双金属温度计、玻璃液体温度计、压力式温度计，电阻温度计、热敏电阻和温差电偶等。它们广泛应用于工业、农业和商业等部门。在日常生活中人们也常常使用这些温度计。随着低温技术在国防工程、空间技术、冶金、电子、食品、医药和石油化工等部门的广泛应用和超导技术的研究，测量 120K 以下温度的低温温度计得到了发展，如低温气体温度计、蒸气压温度计、声学温度计、顺磁盐温度计、量子温度计、低温热电阻和低温温差电偶等。低温温度计要求感温元件体积小、准确度高、复现性和稳定性好。利用多孔高硅氧玻璃渗碳烧结而成的渗碳玻璃热电阻就是低温温度计的一种感温元件，可用于测量的 1.6 ~ 300K 的温度。

（二）非接触式温度传感器

非接触式温度传感器的敏感元件与被测对象互不接触，又称非接触式测温仪表。这种仪表可用来测量运动物体、小目标和热容量小或温度变化迅速（瞬变）对象的表面温度，也可用于测量温度场的温度分布。

最常用的非接触式测温仪表基于黑体辐射的基本定律，也称为辐射测温仪表。辐射测温法包括亮度法、辐射法和比色法。各类辐射测温方法只能测出对应的光度温度、辐射温度或比色温度。只有对黑体（吸收全部辐射并不反射光的物体）所测温度才是真实温度。如欲测定物体的真实温度，与材料表面状态、涂膜和微观组织等有关，因此很难精确测量。在自动化生产中往往需要利用辐射测温法来测量或控制某些物体的表面问题。如冶金中的钢带轧制温度、轧辊温度、锻件温度和各种熔融金属冶炼炉或坩埚中的温度。在这些具体情况下，物体表面发射率的测量是相当困难的。对于固体表面温度自动测量和控制，可以采用附加的反射镜使与被测表面一起组成黑体空腔。附加辐射的影响能提高被测背面的有效辐射和有效发射系数。利用有效发射系数通过仪表对实测温度进行相应的修正，最终可得到被侧表面的真实温度。最为典型的附加反射镜是半球反射镜。球心附近被测表面的漫射辐射能受半球镜反射到表面而形成附加辐射，从而提高有效发射系数。至于气体和液体介质真实温度的辐射测量，则可以用插入耐热材料管至一定深度以形成黑体空腔的方法。通过计算求出与介质达到热平衡后的圆筒空腔的有效发射系数。在自动测量和控制中就可以用此值对所测腔底温度（即介质温度）进行修正而得到介质的真实温度。

非接触测温优点：测量上限不受感温元件耐温程度的限制，因而对最高可测温度原则上没有限制，对于 1 800℃ 以上的高温，主要采用非接触测温方法。随着红外技术的发展，辐射测温度逐渐由可见光向红外线扩展，700℃ 以下直至常温都已采用，且分辨率很高。

（三）热电偶

当有两种不同的导体和半导体 A 和 B 组成一个回路，其两端相互连接时，只要两结点处的温度不同，一端温度为 T，称为工作端或热端，另一端温度为 T_0，称为自由端（也称参考端）或冷端，则回路中就有电流产生，即回路中存在的电流势称为热点动势；这种由于温度不同而产生电动势的现象称为塞贝克效应。与塞贝克有关的效应有两个：其一，当有电流流过不同导体的连接处时便吸收或放出热量（取决于电流的方向），称为珀尔帖效应；其二，当有电流流过存在温度梯度的导体时，导体吸收或放出热量（取决于电流相对于温度梯度的方向），称为汤姆逊效应。两种不同导体或半导体的组合称为热电偶。热电偶的热电势 $E_{AB}(T, T_0)$ 是由接触电势和温差电势合成的。接触电势是指两种不同的导体或半导体在接触处产生的电势，此电势与两种导体或半导体的性质及在接触点的温度有关。温度电势是指同一导体或半导体在温度不同的两端产生的电势，此电势只与导体或半导体的性质和两端温度有关，而与导体的长度、截面大小、沿其长度方向的温度分布无关。无论接触电势或温差电势都是由于集中于接触处端点的电子数不同而产生的电势，热电偶测量的热电势是二者的合成。当回路断开时，在断开处 A、B 之间便有一电动势差 ΔV，其极性和大小与回路中的热电势一致。并规定在冷端，当电流由 A 流向 B 时，称 A 为正极、B 为负极。实验表明，当 ΔA 很小时，ΔA 与 ΔT 呈正比关系。定义 ΔV 对 ΔT 的微分热电势为热电势率，又称塞贝克系数。塞贝克系数的符号和大小取决于组成热电偶的两种导体的热电特性和结点的温度差。

（四）热电阻

导体的电阻值随温度变化而改变，通过测量其电阻值推算出被测物体的温度，利用此原理构成的传感器就是电阻温度传感器，这种传感器主要用于 $-200℃ \sim 500℃$ 的温度测量。纯金属是热电阻的主要制造材料，热电阻的材料应具有以下特性。

（1）电阻温度系数要大而且稳定，电阻值与温度之间应具有良好的线性关系。

（2）电阻率高，热容量小，反应速度快。

（3）材料的复现性和工艺性好，价格低。

（4）在测温范围内化学物理特性稳定。

目前，在工厂应用最广的铂和铜，并已制作成标准测温热电阻。

（五）模拟温度传感器

传统的模拟温度传感器，如热电偶、热敏电阻和热电阻对温度的监控，在一些温度范围内线性不好，需要进行冷端补偿或引线补偿，热惯性大，响应时间慢。集成模拟温度传感器与之相比，具有灵敏度高、线性度好、相应速度快等优点。而且它还将驱动电路、信号处理电路及必要的逻辑控制电路集成在单片 IC 卡上，有实际尺寸小、使用方便等优点。常见的模拟温度传感器有 LM3911、LM335、LM45、AD22103 电压输出型和 AD590 电流输出型等。

（六）逻辑输出型温度传感器

在许多应用中，并不需要严格测量温度值，只关心温度是否超出了一个设定范围，一旦温度超出所规定的范围，则发出报警信号，启动或关闭风扇、空调、加热器或其他控制设备，此时可选用逻辑输出式温度传感器。LM56、MAX6501 - MAX6504 和 MAX6509/6510 是其典型代表。

（七）数字式温度计传感器

如果采用数字式接口的温度传感器，上述设计问题将得到简化。同样，当 A/D 和微处理器的 I/O 管脚短缺时，采用时间或频率输出的温度传感器也能解决上述测量问题。以 MAX6575/76/77 系列 SOT - 23 封装的温度传感器为例，这类器件可通过单线和微处理器进行温度数据的传送。提供 3 种灵活的输出方式—频率、周期或定时、并具备 $\pm 0.8℃$ 的典型精度，一条线最多允许挂接 8 个传感器，$150\mu A$ 典型电源电流和 $2.7 \sim 5.5V$ 的宽电源电压及 $-45℃ \sim +125℃$ 的温度。它输出的方波信号具有正比于绝对温度的周期，采用 6 脚 SOT - 23 封装，仅占很小的板面，及器件通过一条I/O与微处理器相连，利用微处理器内部的计算器测量出周期后就可计算出温度。

三、压力传感器简介

压力传感器是当能感受压力并转换成可用输出信号的传感器。压力传感器是工业实践中最为常用的一种传感器，其广泛应用于各种工业自控环境，涉及水利水电、铁路交通、智能建筑、生产自控、航空航天、军工、石化、油井、电力、船舶、机床和管道等众多的行业。通常使用的压力传感器主要是利用压电效应制造而成的，这样的传感器也称为压电传感器。

晶体是各向异性的，非晶体是各向同性的。某些晶体介质，当沿着一定方向受到机械力作用发生变形时，就产生了极化效应；当机械力撤掉以后，又会重新回到不带电的状态，也就是受到压力的时候，某些晶体可能产生出电的效应，这就是所谓的极化效应。人们就是根据这个效应研制出了压力传感器。

压电传感器中主要使用的压电材料包括石英、酒石酸钾钠和磷酸二氢铵。其中石英（二氧化硅）是一种天然晶体，压电效应就是在这种晶体中发现的，在一定的温度范围之内，压电性质一直存在，但温度超过这个范围之后，压电性质完全消失（这个高温就是所谓的"居里点"），由于随着应力的变化电场变化微小（即压电系数比较低），所以石英逐渐被其他的压电晶体所替代。而酒石酸钾钠具有很大的压电灵敏度和压电系数，但是它只能在室温和湿度比较低的环境下才能够应用。磷酸二氢铵属于人造晶体，能够承受高温和相当高的湿度，所以现实中已经得到广泛的应用。

当前，压电效应也被应用到多晶体上，如现在的压电陶瓷，包括钛酸钡压电陶瓷、锆钛酸铅压电陶瓷、铌酸盐系压电陶瓷和铌镁酸铅压电陶瓷等。

压电效应是压电传感器的主要工作原理，压电传感器不能用于静态测量，因为经过外力作用后的电荷，只有在回路具有无限大的输入阻抗时才得到保存，这决定了压电传感器只能测量动态的应力。

压电传感器主要应用在加速度、压力和力的测量中。压电式加速度传感器是一种常用的加速度计。它具有结构简单、体积小、重量轻、使用寿命长等优异的特点。压电式加速度传感器在飞机、汽车、船舶、桥梁和建筑的振动和冲击测量中已经得到了广泛的应用，特别是航空和宇航领域中更有它的特殊地位。压电式传感器也可以用来测量发动机内部燃烧压力的测量与真空度的测量。也可以用于军事工业，例如，用它来测量枪炮子弹在膛中击发的一瞬间的膛压的变化和炮口的冲击波压力。它既可以用来测量大的压力，也可以用来测量微小的压力。

压力传感器也被广泛应用于生物医学的测量中，例如，心室导管式微音器就是由压电传感器制成的。因为需要经常测量动态压力，所以压电传感器的应用非常广泛。

除了压电传感器之外，还有利用压阻效应制造出来的压阻传感器，利用应变效应的应变传感器等，这些不同的压力传感器利用不同的效应和不同的材料，在不同的场合能够发挥它们独特的用途。

四、位移传感器简介

位移传感器又称为线性传感器，它分为电感式位移传感器，电容式位移传感器、光电式位移传感器、超声波式位移传感器、霍尔式位移传感器等。

电感式位移传感器是一种属于金属感应的线性器件，接通电源后，在开关的感应面将产生一个交变磁场，当金属物体接近感应面时，金属中则产生涡流而吸取振荡器的能量，使振荡器输出幅度线性衰减，然后根据衰减量的变化来完成无接触检测物体的目的。电感式位移传感器具有无滑动触点，工作时不受灰尘等非金属因素影响，并且低功耗、长寿命、可使用在各种恶劣条件下，主要应用在自动化装备生产线对模拟量的智能控制中。

光电式位移传感器利用激光三角反射法进行测量，根据被测对象阻挡光通量的多少来测量对象的位移或几何尺寸。特点是属于非接触式测量，并可进行连续测量。对被测物体材质没有其他要求，主要影响为环境光强和被测面是否平整。例如，公路测量用到的激光位移传感器，就对传感器进行了特殊配置。光电式位移传感器常用于连续测量线材直径，或在线材边缘位置控制系统中用作边缘位置传感器。

霍尔式位移传感器的测量原理是保持霍尔元件的激发电流不变，并使其在一个梯度均匀的磁场中移动，则所移动的位移正比于输出的霍尔电势。磁场梯度越大，灵敏度越高；梯度变化越均，霍尔电势与位移的关系越接近于线性。霍尔式位移传感器具有惯性小、频响高、工作可靠、寿命长的优点，因此常用于将各种非电量转换成位移后再进行测量的场合。

位移是物体的位置在运动过程中的移动有关的量，位移的测量方式所涉及的范围是相当广泛的。小位移通常用应变式、电感式、差动变压器式、涡流式、霍尔传感器来检测，大的位移常用感应同步器、光栅、溶栅、磁栅等传感技术来测量。其中光栅传感器因具有易实现数字化、精度高（目前分辨率最高的可达到纳米级）、抗干扰能力强、没有人为读数误差、安装方便、使用可靠等优点，在机床加工、检测仪表等行业中得到日益广泛的应用。

五、光电传感器简介

光电传感器是采用光电元件作为检测元件的传感器。它首先把被测量的变化转换成光信号的变化，然后借助光电元件进一步将光信号转换成电信号。光电传感器一般由光源、光学通路和光电元件三部分组成。

光电传感器是各种光电检测系统中实现光电转换的关键元件，它可用于检测直接引起光量变化的非电量，如光强、光照度、辐射测温、气体成分分析等；也可用来检测能转换成光亮变化的非电量，如零件直径、表面粗糙度、应变、位移、振动、速度、加速度，以及物体的形状、工作状态的识别等。光电式传感器具有非接触、响应快、性能可靠等特点，因此在工业自动化装置和机器人中获得广泛应用。近年来，新的光电器件不断涌现，特别是 CCD 图像传感器。

光定传感器具有以下特性：

①检测距离长：如果在对射型中保留 10 米以上的检测距离等，便能实现其他检测手段（磁性、超声波等）无法完成的检测。

②对检测物体的限制少：由于以检测物体引起的遮光和反射为检测原理，所以不像接近传感器等将检测物体限定在金属，它可对玻璃、塑料、木材、液体等几乎所有物体进行检测。

③响应时间短：光本身为高速，并且传感器的电路都是由电子零件构成，所以不包含机械性工作时间，响应时间非常短。

④分辨率高：能通过高级设计技术使透光光束集中在小光点，或通过构成特殊的受光光学系统来实现高分辨率。也可进行微小物体的检测和高精度的位置检测。

⑤可实现非接触的检测：可以无须机械性的接触检测物体实现检测，因此不会对检测物体和传感器造成损伤。因此，传感器可以长期使用。

⑥可实现颜色判别：通过检测物体形成的光的反射率和吸收率，根据被投光的光线波长和检测物体的颜色组合而有所差异。利用这种性质，可对检测物体的颜色进行检测。

⑦便于调整：在投射可视光的类型中，投光光束是眼睛可见的，便于对检测物体的位置进行调整。

六、红外传感器

红外传感器系统是以红外线为介质的测量系统，红外传感技术已经在现代科技、国防和工农业等领域获得了广泛的应用。

（一）红外传感器的分类

红外传感器按照功能分成 5 类：①辐射计，用于辐射和光谱测量；②搜索和跟踪系统，用于搜索和跟踪红外目标，确定其空间位置并对它的运动进行跟踪；③热成像系统，可产生整个目标红外辐射的分布图像；④红外测距和通信系统；⑤混合系统，是指以上各类系统中的两个或多个的组合。

（二）红外传感器的工作原理

根据待测目标的红外辐射特性可进行红外系统的设定。待测目标的红外辐射通过地球大气层时，由于气体分子和各种气体及各种溶胶粒的散射和吸收。将使得红外源发出的红外辐射发生衰减。光学接收器接受目标的部分红外辐射并传输给红外传感器。辐射调制器对来自待测目标的辐射调制成交变的辐射光，提供目标方位信息，并可滤除大面积的干扰信号。红外探测器是红外系统的核心。它是利用红外辐射与物质相互作用所呈现出来的物理效应探测红外辐射的传感器，多数情况下是利用这种相互作用所呈现出的电学效应。此类探测器可分为光子探测器和热敏感探测器两大类型。由于某些探测器必须要在低温下工作，所以相应的系统必须有制冷设备。经过探测器制冷器制冷，设备可以缩短响应时间，提高探测灵敏度。信号处理系统将探测的信号进行放大、滤波，并从这些信号中提取出信息，然后将此类信息转化成为所需要的格式，最后输送到控制设备或显示器中。显示设备是红外设备的终端设备。常用的显示器有示波器、显像管、红外感光材料、指示仪器和记录仪等。

依照上面的流程，红外系统就可以完成相应的物理量的测量。红外系统的核心红外探测器，按照探测机理的不同，可以分为热探测器（基于热效应）和光子探测器（基于光电效应）两大类。

热探测器是利用辐射热效应，使探测元件接收到辐射能后引起温度升高、进而使探测器中依赖于温度的性能发生变化。检测其中某一性能的变化，便可探测出辐射。多数情况下是通过热电变化来探测辐射的，当元件受到辐射，引起非电量的物理变化时，可以通过适当的变换后测量相应的电量变化。

红外传感器已经在现代化的生产实践中发挥着它的巨大作用，随着探测设备和其他部分技术的提高，红外传感器能够拥有更多的性能和更好的灵敏度。

第三节　嵌入式智能传感器

传感技术在经历了模拟量信息处理和数字量交换这两个阶段后，利用微处理机技术使传感器智能化，通常称之为智能传感器。

一、嵌入式传感器一般结构

传感器和微处理机相结合，使传感器不仅有视、嗅、味和听觉功能，还具有存储、思维和逻辑判断、数据处理、自适应能力等功能，从而使传感器技术提高到一个新水平。要处理许多传感器所获得的大批数据。如果采用大型电子计算机处理时，无论从采集数据的速度和经济性方面都是不合适。为了实时快速采集数据，同时又降低成本，提出了分散处理这些数据的方案，各类传感器检测的数据，先进行存储、处理，然后用分散处理这些数据的方案，各类传感器检测的数据，先进行存储、处理，然后用标准串/并接口总线方式实现远距离、高精度的传输。具体地说，凡是在同一壳体内既有传感元件，又有信号预处理电路和微处理器，其输出方式可以是通信线 RS – 232 或者 RS – 485 串性输出，也可以是IEEE – 488 标准总线的并行输出，以上这些功能可以由 n 块输出独立的模板构成，装在同一个壳体内构成模块智能传感器。也可以把上述模块集成化为以硅片为基础的超大规模集成电路的高级智能传感器。由此看来，智能传感器也可以说是一个微机小系统，其中作为系统"大脑"的微处理机通常是单片机。无论哪一种智能传感器，都可用图 3 – 2 的框图来表示。

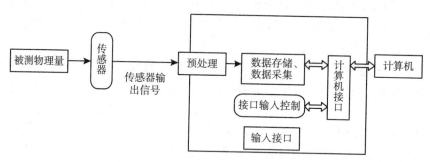

图 3 – 2 智能传感器的组成框图

智能传感器的主要功能如下：
①具有自校零、自标定、自校正功能。
②具有自动补偿功能。
③能够自动采集数据，并对数据进行预处理。
④能够自动进行检验、自选量程、自寻故障。
⑤具有数据存储、记忆与信息处理功能。
⑥具有双向通信、标准化数字输出或符号输出功能。

⑦具有判断、决策处理功能。

与传统传感器相比，智能传感器的特点如下。

（一） 精度高

智能传感器有多项功能来保证它的高精度，如与标准参考基准实时对比以自动进行整体系统标定；自动进行整体系统的非线性的系统误差的校正；通过对采集的大量数据进行统计处理以消除偶然误差的影响等，从而保证了智能传感器的高精度。

（二） 高可靠性与高稳定性

智能传感器自动补偿是因为工作条件与环境参数发生变化后引起的系统特性的漂移，如温度变化而产生的零点和灵敏度的漂移；在当被测参数变化后能自动改换量程；能实时自动进行系统的自我检验、分析，判断所采集到数据的合理性。并给出异常情况的应急处理（报警或故障提示）。因此，有多项功能保证了智能传感器的高可靠性与高稳定性。

（三） 高信噪比与高分辨率

由于智能传感器具有数据存储、记忆与信息处理功能，通过软件进行数字滤波、相关分析等处理，可以去除输入数据中的噪声，将有用信号提取出来；而保证在多参数状态下对特定参数测量分辨率，故智能传感器具有很高的信噪比与分辨率。

（四） 自适应性强

由于智能传感器具有判断、分析与处理功能，它能根据系统工作情况决策各部分的供电情况与上位计算机的数据传送速率，使系统工作在最优低功耗状态和优化传送效率。

（五） 价格性能比低

智能传感器所具有的上述高性能，不像传统传感器技术追求传感器本身的完善，而是通过将微处理器和计算机结合，采用廉价的集成电路工艺和芯片及强大的软件实现，所以具有低性价比。

二、嵌入式智能传感器发展趋势

智能传感技术的发展是沿着三条途径实现智能传感器的。

（一） 非集成化实现

非集成化智能传感器是将传统的经典传感器（采用非集成化工艺制作的传感器，仅具有获取信号的功能）、信号调理电路、带数字总线接口的微处理器组合为整体而构成的一个智能传感器系统，其中的信号调理电路是用来调理传感器输出信号的，即将传感器输出信号进行放大并转换为数字信号后送入微处理器，再由微处理器通过数字总线接口在现场数字总线上。这是一种实现智能传感器系统的最快途径与方式。例如，美国罗斯蒙特公司、SMAR 公司生产的电容式智能压力（差）变送器系列产品，就是在原有传统式非集成电容式变送器基础上附加一块带数字总线接口的微处理器插板后组装而成的，并配备可进行通信、控制、自校正、自补偿、自诊断等功能的智能化软件，从而实现智能化。

这种非集成化智能传感器随着现场总线控制系统的发展而迅速发展起来。因为这种控制系统要求挂接的传感器/变送器必须是智能型的，对于自动化仪表生产厂家来说，原有的一整套生产工艺设备基本不变，因此，对于这些厂家而言非集成化实现是一种建立智能传感器系统最经济、最快捷的途径与方式。

另外，近 10 年来发展极为迅速的模糊传感器也是一种非集成化的新型智能传感器。模糊传感器是在经典数值测量的基础上，经过模糊推理和知识合成，以模拟人类自然语言符号描述的形式输出测量结果。显然，模糊传感器的核心部分就是模拟人类自然语言符号的产生及其处理。

模糊传感器的"智能"之处在于：它可以模拟人类感知的全过程。它不仅具有智能传感器的一般优点和功能，而且具有学习推理的能力，具有适应测量环境变化的能力，并且能够根据测量任务的要求进行学习推理。另外，模糊传感器还具有与上级系统交换信息、自我管理和调节的能力。通俗地说，模糊传感器的能力相当于甚至超过一个具有丰富经验的测量工人。

模糊传感器的构成有两部分：硬件层和软件层。模糊传感器的突出特点是具有丰富强大的软件功能。模糊传感器与一般的基于计算机的智能传感器的根本区别在于模糊传感器具有实现学习功能的单元和符号产生、处理单元。它能够实现专家指导下的学习和符号的推理及合成，从而使模糊传感器具有可训练性。经过学习与训练，使得模糊传感器能适应不同测量环境和测量任务的要求。因此，实现模糊传感器的关键就在于软件功能的设计。

（二）集成化实现

这种智能传感器系统采用微机械加工技术和大规模集成电路工艺技术，利用硅作为基本材料来制作敏感元件，信号调理电路、微处理器单元，并把它们集成在一块芯片上而构成的，故又可称为集成智能传感器。

随着微电子技术的飞速发展，微米/纳米技术的问世，大规模集成电路工艺技术的日臻完善，集成电路器件的密集度越来越高，已成功地使各种数字电路芯片、模拟电路芯片、微处理器芯片、存储器电路芯片的价格性能比大幅度下降。反过来，这又促进了微机械加工技术的发展，形成了与传统的静电传感器制作工艺完全不同的现代传感器技术。

现代传感器技术，是指以硅材料为基础（因为硅既有优良的电性能，又有极好的机械性能），采用微米（$1\mu m \sim 1mm$）级的微机械加工技术和大规模集成电路工艺来实现各种仪表传感器系统的微米级尺寸化。国外也称它为专用集成型传感技术，由此制造的智能传感器的特点如下。

1. 微型化

微型压力传感器已经可以小到放在注射针头内送进血管来测量血液流动情况，装在飞机或发动机叶片表面用以测量气体的流速和压力。美国最近研究成功的微型加速度计可以使火箭或飞船的制导系统质量从几千克下降至几克。

2. 结构一体化

压阻式压力（差）传感器是最早实现一体化结构的。传统的做法是先分别机械加工金属圆膜片与圆柱状环，然后把二者粘贴形成周边固定结构的"金属环"，再在圆膜片上粘贴电阻变换器（应变片）而构成压力（差）传感器，这就不可避免地存在蠕动、迟滞、非线性特性。采用微机械加工和集成化工艺，不仅"硅杯"一次整体成型，而且电阻变换器与硅杯是完全一体化的。进而可在硅杯非受力区制造调理电路、微处理器单元，甚至微执行器，从而实现不同程度乃至整个系统的一体化。

3. 精度高

比起分体结构，传感器结构本身一体化后，迟滞、重复性指标将大大改善，漂移大大减小，精度提高，后续的信号调理电路与敏感元件一体化后可以大大减少由引线长度带来的其他参量的影响。这对电容式传感器更有特别重要的意义。

4. 多功能

微米级敏感元件结构的实现特别有利于在同一硅片上制作不同功能的多个传感器，例如，美国霍尼韦尔公司 20 世纪 80 年代初期生产的 ST – 3000 智能压力（差）和温度变送器，就是在一块硅片上制作了感受压力、压差及温度 3 个参量的、具有 3 种功能（可测压力、压差、温度）的敏感元件结构的传感器。不仅增加了传感器的功能，而且可以通过采用数据融合技术消除交叉灵敏度的影响，提高传感器的稳定性与精度。

5. 阵列式

微米技术已经可以在 1 平方厘米大小的硅芯片上制作含有几千个压力传感器阵列，例如，丰田中央研究所半导体研究室用微机械加工技术制作的集成化应变计式面阵触觉传感器，在 8 毫米 ×8 毫米的硅片上制作的 1 024 个（32 × 32）敏感触点（桥），基片四周还制作了信号处理电路，其元件总数 16 000 个。

敏感元件组成阵列后，配合相应图像处理软件，可以实现图形成像且构成多维图像传感器。这时的智能传感器就达到了它的最高级形式。

敏感元件组成阵列后，通过计算机/微处理机解耦运算、模式识别、神经网络技术的应用，有利于消除传感器的时变误差和交叉灵敏度的不利影响，可提高传感器的可靠性、稳定性与分辨能力。如目前已成为研究热点的气敏传感器阵列的研究，以期望实现气体种类判别、混合体成分分析和浓度测量。

6. 全数字化

通过微机械加工技术可以制作各种形式的微结构。其固有谐振频率可以设计成某种物理参量（如温度或压力）的单值函数。因此可以通过检测其谐振频率来检测物理量。这是一种谐振式传感器，直接输出数字量（频率）。它的性能极为稳定、精度高、不需 A/D 转换器便能与微处理器方便地接口。免去 A/D 转换器，对于节省芯片面积、简化集成化工艺均十分有利。

7. 使用方便，操作简单

没有外部连接元件，外接连线极少，包括电源、通信线可以少至 4 条，因此，接线及其简便。它还可以自动进行整体自校，无须用户长时间地反复多环节调节与校验。"智能"含量越高的智能传感器，它的操作使用越简便，用户只需编辑简单的使用主程序。

根据以上特点可以看出，通过集成化实现的智能传感器，为达到高自适应性、高精度、高可靠性与高稳定性，其发展主要有以下两种趋势：

（1）多功能化阵列化，加上强大的软件信息处理功能。

（2）发展谐振式传感器，加上强大的软件信息处理功能。

（三）混合实现

根据需要与可能，将系统各个集成化环节（如敏感单元、信号调理电路、微处理器单元、数字总线接口）以不同的组合方式集成在两块或三块芯片上，并装在一个外壳里。

集成敏感单元包括（对结构型传感器）弹性敏感元件及变换器。信号调理电路包括多路开关、放大器、基准、模/数转换器等。

微处理器单元包括数字存储器（EPROM、ROM、RAM）、I/O 接口、微处理器、数/模转换器等。

按智能化程度来分，集成化智能传感器有 3 种存在形式。

1. 初级形式

初级形式就是环节中没有微处理器单元，只有敏感单元与（智能）信号调理电路、二者被封装在一个外壳里。这是智能传感器系统最早出现的商品化形式，也是最广泛使用的形式,也被称为"初级智能传感器"。从功能来讲,它只具有比较简单的自动校零、非线性的自动校正、温度自动补偿功能。这些简单的智能化是由硬件电路来实现的,故通常称该种硬件为智能调理电路。

2. 中级形式/自立形式

中级形式是在组成环节中除敏感单元与信号条理电路外,必须含有微处理器单元,即一个完整的传感器系统封装在一个外壳里的形式。它具有完善的智能化功能,这些智能化功能主要是由强大的软件来实现的。

3. 高级形式

高级形式是集成度进一步提高,敏感单元实现多维阵列化时,同时配备了更强大的信息处理软件,从而具有更高级的智能化功能的形式。这时的传感器系统不仅具有完善的智能化功能,而且还具有更高级的传感器阵列信息融合功能,或具有成像与图像处理等功能。

显然,对于集成化智能传感器系统而言,集成化程度越高,其智能化程度也就越可能达到更高的水平。

综上所述,可以看到智能传感器系统是一门涉及多种学科的综合技术,是当今世界上正在发展的高新技术。因此,设计智能传感器系统,除了具有经典的、现代的传感器技术外,还要有信号分析与处理、计算软件设计、通信与接口、电路与系统等多种学科方面的技术。

习　　题

1. 什么是传感器?请列举你身边的传感器。
2. 常见的传感器有哪些,其工作原理是什么?
3. 智能传感器的一般结构是什么?

第四章　无线传感器网络

本章重点

- 无线传感器网络体系结构
- 无线传感器网络协议，物理层、数据链路层和网络层协议
- 无线传感器网络的应用

本章主要介绍无线传感器网络的组成、无线传感器网络协议和无线传感器网络的应用，使初学者能够学习了解无线传感器网络的框架体系及其相关技术内容。

第一节　无线传感器网络组成

一、无线传感器网络概述

无线传感器网络是无线 Ad hoc 网络的一个重要研究分支，是随着微机电系统（MEMS）、无线通信和数字电子技术的迅速发展而出现的一种新的信息获取和处理模式。它是由随机分布的集成有传感器、数据处理单元和通信模块的微小节点通过自组织的方式构成网络，借助于节点中内置的形式多样的传感器测量所在周边环境中的热、红外、声呐、雷达和地震波信号，从而探测包括温度、湿度、噪声、光强度、压力、土壤成分、移动物体的大小、速度和方向等众多我们感兴趣的物质现象，实现对所在环境的监测。

无线传感器网络诞生于军事领域，并逐步应用到民用领域。由于无线传感器网络通常运行在人无法接近的恶劣甚至危险的环境中，能源无法替代以及传感器网络节点本身是微功耗的，因此无线传感器网络具有能量有限性的特点。在无线传感器网络中，除了少数节点需要移动以外，大部分节点都是静止的。而且由于无线传感器节点本身的不确定性（容易失效、不稳定性、能量的有限性）及传感器节点的规模（数量、密集程度）等问题决定了无线传感器网络是以数据（信

息）为中心的，只考虑信息的获取，对网络的物理结构和传感器节点本身的状况较少考虑。

无线传感器网络的特殊性，导致它与传统网络存在着许多差异，主要表现为以下几方面：

（1）在网络规模方面，无线传感器网络的节点数量比传统的 Ad hoc 网络高几个数量级，由于节点数量很多，无线传感器网络节点一般没有统一的标识（ID）。

（2）在分布密度方面，无线传感器网络分布密度很大。

（3）传感器的电源能量极其有限。网络中的传感器由于电源能量的原因容易失效或废弃，电源能量约束是阻碍无线传感器网络应用的严重问题。

（4）无线传感器网络节点的能量、计算能力和存储能量有限。

（5）无线传感器网络的传感器的通信带宽窄而且经常变化，通信覆盖范围只有几十到几百米。传感器之间的通信断接频繁，经常导致通信失败。由于传感器网络更多地受到高山、建筑物、障碍物等地势地貌以及风雨雷电等自然环境的影响，传感器可能会长时间脱离网络，离线工作。这导致无线传感器网络拓扑结果频繁变化。如何在有限通信能力的条件下高质量地完成感知信息的处理与传输，是无线传感器网络研究的一个问题。

（6）传统网络以传输数据为目的。传统网络强调将一切与功能相关的处理都放在网络的端系统上，中间节点仅仅负责数据分组的转发；而无线传感器网络的中间节点具有数据转发和数据处理双重功能。

（7）无线 Ad hoc 网络中现有的自组织协议、算法不是很适合传感器网络的特点和应用要求。传统网络与无线传感器网络设计协议时侧重点不同。比如由于应用程序不很关心单个节点上的信息，节点标识（如地址等）的作用在无线传感器网络中就不十分重要；而无线传感器网络中中间节点上与具体应用相关的数据处理、融合和缓存却是很有必要的。这与传统无线网络的路由设计准则也不同。

（8）无线传感器网络需要在一个动态的、不确定性的环境中，管理和协调多个传感器节点簇集，这种多传感器管理的目的在于合理优化传感器节点资源，增强传感器节点之间的协作，来提高网络的性能及对所在环境的监测程度。

综上所述，由无线传感器网络的概念、应用领域、与传统网络的差异，以及无线传感器网络实现涉及的一系列先进技术（MEMS，SOC、嵌入式系统）等决定了无线传感器网络一般应具有以下特征：

（1）能量受限（Energy Aware）。无线传感器网络通常的运行环境决定了无线传感器网络节点一般具有电池不可更换、能量有限的特征，当前的无线网络一般侧重于满足用户的 QoS 要求、节省带宽资源，提高网络服务质量等方面，较少考虑能量要求。而无线传感器网络在满足监测要求的同时必须以节约能源为主要目标。

（2）可扩展性（Scalablility）。一般情况下，无线传感器网络包含有上千个节点。在一些特殊的应用中，网络的规模可以达到上百万个。无线传感器网络必须有效的融合新增节点，使它们参与到全局应用中。无线传感器网络的可扩展性能力加强了处理能力，延长了网络生存时间。

（3）健壮性（Robustness）。在无线传感器网络中，由于能量有限性、环境因素和人为破坏等影响，无线传感器网络节点容易损坏，无线传感器网络健壮性保证了网络功能不受单个节点的影响，增加了系统的容错性、鲁棒性、延长了网络生存时间。

（4）环境适应性（Adaptive）。无线传感器网络节点被密集部署在监测环境中，通常运行在无人值守或人无法接近的恶劣甚至危险的环境中，传感器可以根据监测环境的变化动态的调整自身的工作状态使无线传感器网络获得较长的生存时间。

（5）实时性（Real-time）。无线传感器网络是一种反应系统，通常被应用于航空航天、军事、医疗等具有很强的实时要求的领域。无线传感器网络采集数据需要实时传给监测系统，并通过执行器对环境变化做出快速反应。

二、无线传感器节点结构

无线传感器网络的体系结构是指传感器网络的节点布置与通讯结构。无线传感器网络节点的基本组成见图 4 – 1。

传感器节点由传感器模块、处理器模块、无线通信模块和能量供应模块四部分组成。传感器模块负责监测区域内信息的采集和数据转换；处理器模块负责控制整个传感器节点的操作，存储和处理本身采集的数据以及其他节点发来的数据；无线通信模块负责与其他传感器节点进行无线通信，交换控制信息和收发采集数据；能量供应模块为传感器节点提供运行所需的能量，通常采用微型电池。

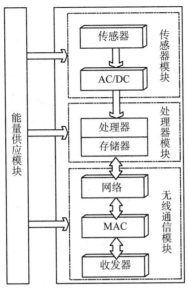

图 4-1 传感器节点结构

（一） 数据处理单元

数据处理单元是无线传感器网络节点的计算核心。通常选用嵌入式 CPU，负责协调节点各部分的工作，如对数据采集单元获取的信息进行必要的处理、保存、控制数据采集单元和电源的工作模式等。

目前使用较多的有 ATMEL 公司的 AVR 系列单片机或增强型 51 单片机。德州仪器（TI）公司的 MSP430 超低功耗系列处理器，不仅功能完整、集成度高，而且根据存储容量的多少提供多种引脚兼容的处理器，使开发者很容易根据应用对象平滑升级系统。

作为 2000 年以来 32 位嵌入式处理器市场中红极一时的嵌入式 ARM 处理器，也可能成为下一代传感器节点设计的考虑对象。ARM 处理器的性能跨度比较大，低端系统价格便宜，可以代替单片机的应用，高端处理器可以达到 Pentium 处理器和其他专业多媒体处理器的水平，甚至可以在很多并行系统中实现阵列处理。ARM 处理器功耗低，处理速度快，集成度也相当高，而且地址空间非常大，可以扩展大容量的处理器。但在普通无线传感器网络节点中使用，其价格、功耗以及外围电路的复杂度还不十分理想。随着技术的进步，ARM 处理器将在这些方面有更加出色的表现。另外，对于需要大量内存、外存以及高数据吞吐率和处理能力的传感器网络汇聚点（也称为基站节点），ARM 处理器是非常理想的选择。

（二）数据传输单元

数据传输单元主要由低功耗、短距离的无线通信模块组成。通信模块消耗的能量在无线传感器网络节点中占主要部分，所以考虑通信模块的工作模式和收发能耗很关键。无线传感器网络节点的通信模块必须是能量可控的，并且收发数据的功耗要非常低，对于支持低功耗待机监听模式的技术要优先考虑。目前使用较多的有 RFM 公司 TR1000、Chipcon 公司（2005 年被德州仪器 TI 并购）的 CC1000，CC2420，TI 公司的 CC2530 等。

（三）嵌入式操作系统

嵌入式操作系统为网络节点提供必要的软件支持，负责管理节点的硬件资源，对不同应用的任务进行调度与管理。

（四）数据采集单元

被监测物理信号的形式决定了数据采集单元的类型。网络化的传感器系统可以减少单点测量可能造成的瞬态误差和单点环境激变可能造成的系统测量误差。由于在一个区域内存在很多个测量点，对于单个节点的测量错误，可以通过另外一些节点的测量结果发现，通过投票机制摒弃无效的数据，获得该区域内相对精确的测量结果。

（五）电源

电源为网络节点提供正常工作所必需的能源。无线传感器网络一般都是布置在人烟稀少或危险的区域，所以其能源不可能来自现在普通使用的工业电能，而只能求助于自身的存储和自然界的给予。一般来说，目前使用的大部分都是自身存储一定能量的化学电池。在实际的应用系统中，可以根据目标环境选择特殊的能源供给方式，例如在沙漠这种光照比较充足的地方可以采用太阳能电池。在地质活动频繁的地方可以通过地热资源或者震动资源来积蓄工作电能，在空旷多风的地方可以采用风力获得能量支持。不过从体积和应用的简易性来说，化学电池还是无线传感器网络中重点使用的能量载体。

三、无线传感器网络体系结构

在无线传感器网络中，节点以自组织形式构成网络，通过多跳中继方式将监测数据传到 sink 节点，最终借助长距离或临时建立的 sink 链路将整个区域内的数据传送到远程中心进行集中处理。卫星链路可用作 sink 链路，借助游弋在监测区上空的无人飞机回收 sink 节点上的数据也是一种方式，UC Berkeley 在进行 UAV（Unmanned Aerial Vehicle）项目的外场测试时便采用了这种方式。如果网络规模太大，可以采用聚类分层的管理模式，典型的无线传感器网络体系结构如

图 4 - 2 所示。

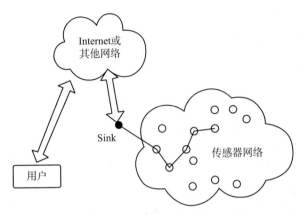

图 4 - 2　无线传感器网络体系结构

四、传感器网络特征

近几年，由于使用 Internet 服务交换数据导致无线数据网络成长起来。WLAN 就是一个很好的例子：最初的 WLAN 标准 802.11 仅有 2Mb/s 的数据吞吐率，最受欢迎的 802.11b 为 11Mb/s，接着陆续推出 802.11g/802.11n/802.11ac 等标准。个人无线网（Wireless Personal Area Networks，WPAN），采用无固定结构，其通信链路仅仅在 10 米内。另一种形式为：HomeRF，数据速率为 800kb/s；蓝牙数据率为 1Mb/s；802.15 最大数据率为 5Mb/s。

在工业监控，家庭消费自动化，军队远程控制，农业移植，车辆通信业务，商业安全，医疗监测中还存在一种潜在的无线网络应用，这些应用不需要很高的数据传输率，通常仅用几个 bits/s，由于这些低数据应用都包括传感，因此称这种网络为无线传感器网络，一个好的无线传感器网络必须具备以下几个特征：

（1）低功耗。无线传感器网络典型要求网络元件的平均功耗比现存无线网络如蓝牙要低得多。应用于监测和控制的传感器要求其电池可以维持足够长时间以完成任务。如当用于大面积环境监测时，需要很多器件，频繁地更换电池是不实际的。

（2）低成本。成本对于无线传感器网络来说很重要，特别是当网络中含有大量节点时，此衡量标准更为重要。

（3）广泛的适应性。

（4）网络形状。传统的星形网络采用一个主机和几个或多个从器件就可满足很多应用。但是由于此网络器件传输功率的限制，网络形状要支持多跳路由。

（5）数据吞吐率。如上面提到的，相对于蓝牙和 WLAN 等，无线传感器网络对数据吞吐率要求不高。

（6）信息潜伏期长。由于其不支持同步通信，不能进行实时的音频和视频传输，因此，对信息的延迟要求是很宽松的，在有些情况下，延迟几分钟也是可以接受的。

（7）移动性。无线传感器网络一般不需要节点移动。

传感器网络与传统网络有着明显不同的技术要求：前者以数据为中心，后者以传输数据为目的。为了适应广泛的应用程序，传统网络设计遵循着"端到端"的边缘论思想，强调将一切与功能相关的处理都放在网络的端系统上，中间节点仅仅负责数据分组的转发。对于传感器网络来说，一些为自组织 Ad hoc 网络设计的协议和算法未必适合传感器网络的特点和应用的要求，因此需要了解传感器网络的特点，从而设计适合此网络的协议。特点具体如下：

（1）传感器网络的节点数量大，密度高。由于传感器网络节点的微型化，每个节点的通信和传感半径有限，一般为几十米范围之内，而且为了节能，传感器节点大部分时间处于睡眠状态，所以往往通过铺设大量的传感器节点来保证网络的质量，传感器网络的节点数量和密度都要比 Ad hoc 网络高几个数量级，可达到每平方米上百个节点的密度，甚至多到无法为单个节点分配统一的物理地址。这会带来一系列问题，如信号冲突，信息的有效传送路径的选择，大量节点之间如何协同工作等。

（2）传感器节点有一定的故障率。由于传感器网络可能工作在恶劣的外界环境中，网络中的节点可能会由于各种不可预料的原因而失效，为了保证网络的正常工作，要求传感器网络必须具有一定的容错能力，允许传感器节点具有一定的故障率。

（3）传感器网络节点在电池能量，计算能力和存储容量等方面的限制。由于传感器节点电池能量有限，而且由于物理限制难以给节点更换电池，所以传感器节点的电池能量限制是整个传感器网络设计最关键的约束之一，它直接决定了网络工作寿命。另外，传感器节点的计算和存储能力有限，使得其不能进行复杂的计算，传统 Internet 网络上成熟的协议和算法对传感器网络而言开销太大，难以使用，必须重新设计简单有效的协议及算法。

（4）传感器网络的拓扑结构变化快。由于传感器网络自身的特点，传感器节点在工作和睡眠状态之间切换以及传感器节点随时可能由于各种原因发生故障而失效，或者有新的节点补充进来以提高网络的质量，这些特点都使得传感器网络的拓扑结构变化很快，这对网络各种算法（如路由算法和链路质量控制协议等）的有效性提出了挑战。此外，如果节点具备移动能力，也可能会带来网络的拓扑变化。

（5）以数据为中心。在传感器网络中人们只关心某个区域某个观测指标的值，而不会去关心具体某个节点的观测数据，比如说人们可能希望知道"检测区域的东北角上的温度是多少"，而不会去关心"节点8所探测到的温度是多少"。这就是传感器网络的以数据为中心的特点。而传统网络传送的数据是和节点的物理地址联系起来的，以数据为中心的特点要求传感器网络能够脱离传统网络的寻址过程，快速有效的组织起各个节点的信息并融合提取出有用信息直接传送给用户。

由以上关于传感器网络的特征和特点，决定在设计该网络时要遵循的原则。无线传感器网络也采用类似 OSI 和 TCP/IP 协议，图 4-3 将此种网络的协议与通用的网络协议 OSI 及 TCP/IP 相对比，从而对该网络有整体的认识。

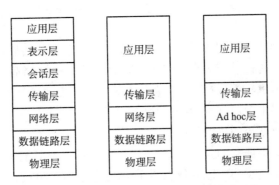

图 4-3　OSI，TCP/IP 及 WSN 网络协议对比

由图 4-3 可以看出，传感器网络使用的协议和 TCP/IP 协议基本相同，区别就是在无线传感器网络的网络层，路由机制不同。在数据链路层，无线传感器网络采用的是 802.11，HIPCRLAN 2，蓝牙等标准。

第二节　无线传感器网络协议

一、无线传感器网络协议整体结构

随着应用和体系结构的不同，无线传感网络的通信协议也不尽相同，图

4-4 是无线传感器使用的典型的协议结构。无线传感器网络协议整体结构由物理层、数据链路层、网络层、传输层、应用层、能量管理模块、移动管理模块及任务管理模块八大部分组成。在这个层次结构中，无线传感器网络各层都涉及三个管理模块：能量管理模块，任务管理模块和移动管理模块。

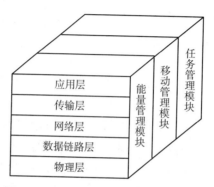

图4-4　无线传感器网络协议层次结构

无线传感器网络协议层次结构中各层的主要功能如下：

物理层为系统提供一个简单、稳定的调制、传输和接收系统。

数据链路层负责数据成帧、信道接入控制、帧检测与差错控制功能。

网络层负责路由生成与路由选择功能。

传输层负责数据流的传输控制功能。

应用层负责基于任务的信息采集、处理、监控等应用服务功能。

能量管理模块负责完成监控传感器系统能量使用的功能。

移动管理模块负责实现检测与注册传感器节点的移动，维护汇聚节点的路由，以及动态追踪邻接点位置的功能。

任务管理模块负责实现在给定的区域内平衡和调度监控任务的功能。

二、物理层及数据链路层协议

（一）物理层

物理层处于无线传感器网络模型的最底层，直接面向传输介质。物理层主要完成：

（1）数据的调制解调、发送与接收。

（2）向 MAC 层提供能量监测、信道空闲评估等服务。首先，当上层有数据要传送时，物理层为其进行载波监听并反馈信道状态，从而尽量减少碰撞概率。

若信道空闲，则上层调用物理层的发送命令，物理层就开始接收到上层的数据分组并将其预处理成字节、比特流，而后按照移位方式，由射频单元调制到无线信道上；其次，当射频单元检测到有发送给自己的数据时，就开始接收并将比特流预处理成字节，然后提交上层供其组装成分组数据。

物理层主要负责数据的调制、发送与接收，是决定无线传感器网络的节点体积、成本以及能耗的关键环节，是无线传感器网络的研究重点之一。无线传感器网络物理层的标准主要有两个：

（1）IEEE 802.15.4 物理层标准。

（2）IEEE 802.15.3a 超宽带技术。

前者目前是无线传感器网络物理层的主流技术，芯片厂家的支持力度大；而后者是无线传感器网络物理层潜在选择。载波脉冲的 UWB 通信系统可以直接利用基带简单脉冲波形进行通信，理论上收发单元结构简单，实现成本较低，但实际在 FCC 关于 UWB 通信功率谱的规定下，其频谱利用率很低，虽可以利用脉冲波形优化设计加以改善，但目前这方面的研究还没有理想的可实用的结果。而另一条路径就是采用多带载波调制技术实现 UWB 系统，但其算法复杂、对传感器节点的要求较高、成本也较高，对于大规模部署的无线传感器网络来说，成本太高。而且 UWB 信号接收需要较长的捕获时间，增加了网络传输延时并且降低了信号的隐蔽性；其物理层对 MAC 协议的要求也更为严格，不利于 MAC 协议性能的改进，所以现阶段多数采用前者作为无线传感器网络的物理基础。

传输媒体是承载终端设备数据业务的通道。无线传感器网络的传输介质可以是无线电、红外或光介质等。

（1）无线电波传输：无线电波是目前无线传感器网络的主流传输媒介。在频率方面，一般选择无需注册的公用 ISM 频段；在调制机制方面，和传统的无线通信系统不同，由于传感器节点能量受限，通常以节能和降低成本为主要的设计指标。

（2）红外线传输：红外线可以作为无线传感器网络的通信介质潜在选择，且无需申请，也不受无线电干扰，但其对障碍物透过性非常差，因此应用不多。

（3）光波传输：与红外线传输相似，也极易受障碍物的遮挡而使通信过程中断，只能应用在一些特殊的场合中。如在智慧微尘项目中，研究人员就开发了基于光波传输的无线传感网络。

无线传感器网络物理层协议设计的要点是无线传感器网络节点一般由四个基本模块组成，传感模块、处理模块、通信模块和电源模块。传感模块包含传感器和模数转换器（ADC）两个子模块。传感器采集的模拟信号经过模数转换器转成数字信号后，传给处理模块，处理模块根据任务需求对数据进行预处理，并将结果通过通信模块送到网上。

物理层协议涉及无线传感器网络采用的传输媒体、选择的频段以及调制方式。目前，无线传感器网络采用的传输媒体主要包括无线电、红外线和光波等。

然而，人们对无线传感器网络物理层协议的研究还需要进一步研究。

（1）硬件方面：目前的无线传感器网络节点在体积、成本和功耗上与其广泛应用的标准还存在一定的差距，缺乏小型化、低成本、低功耗的片上系统（SOC）实现；细胞计算是实现纳米级组装的新技术，也为无线传感器网络的研究提供了新的思路。

（2）软件方面：无线传感器网络物理层迫切需要符合其特点和要求的简单的协议、算法设计，特别是调制机制。

（二）数据链路层

数据链路层是无线传感器网络保证数据无误传输的核心，数据链路层协议用于建立可靠的点到点或点到多点通信链路数据链路层协议主要指介质访问控制MAC 协议。数据链路层分为 MAC 层与 LLC 层，协议主要有 SMACS 和 EAR，TD-MA/FDMA 组合，基于 CSMA 的介质访问控制等。

（1）基于 CSMA 的介质访问控制，这种机制主要是继承于 802.11b 协议，但是传统的载波侦听/多路访问（CSMA）机制不适合传感器网络。其一，持续侦听信道的过量功耗；其二，倾向支持独立的点到点通信业务，这样容易导致临近网关的节点获得更多的通信机会，而抑制多跳业务流量，造成不公平。为了弥补这些缺陷，有学者从两个方面对传统的 CSMA 进行了改进，以适应传感器网络的技术要求：①采用固定时间间隔的周期性侦听方案节省功耗；②设计自适应传输速率控制策略，有针对性地抑制单跳通信业务量，为中继业务提供更多的服务机会，提高公平性。

（2）SMAC（Sensor Media Access Control）是 Wei Ye 等人设计的协议，它也是利用周期性侦听机制节省功耗，但没有考虑公平性问题，而是 PAMPS（Power Aware Multi-access Protocol with Signalling）的启发下，精简了用于同步和避免冲突的信令机制。SMAC 协议在 Tiny OS 微操作系统上进行了实现，并分别在 Cross-bow 硬件平台上进行了测试，比 802.11 标准定义的 MAC 协议节省了 1~5 倍的功耗，可为传感器网络所用。在此基础上人们提出了 TMAC、ACMAC 等协议。

（3）TDMA/FDMA 组合方案 Sohrabi 和 Pottie 设计的传感器网络自组织 MAC 协议是一种时分复用和频分复用的混合方案。节点上维护着一个特殊的结构帧，类似于 TDMA 中的时隙分配表，节点据此调度它与相邻节点间的通信。FDMA 技术提供的多信道，使多个节点之间可以同时通信，有效地避免了冲突。只是在业务量较小的传感器网络中，该组合协议的信道利用率较低，因为事先定义的信道和时隙分配方案限制了对空闲时隙的有效利用。

三、网络层协议

网络层主要负责路由生成与路由选择。无线传感器网络属于多跳通信网络，网络路由要保证任意需要通信的节点之间可以建立并维护数据传输路径。目前，基于无线自组织网络（MANET）的路由协议研究较多，但是考虑到无线传感器网络特性，这些为自组织网络制订的路由协议不能直接用于无线传感器网络中。路由协议的任务就是在传感器节点和中心转发节点之间建立路由，可靠地传输数据。无线传感器网络资源严重受限，每个节点不能执行太复杂的计算，其缓存较少，不能在节点保存太多的路由信息，并且节点间不能进行太多的路由信息交互。

无线路由协议严格来说可分为两种类型：表驱动和按需驱动，表驱动路由协议的特点是持续更新，每个节点维护一个或多个表来存储路由信息，网络拓扑改变时广播更新信息。表驱动路由协议主要有目的排序距离矢量（DSDV）、簇头网关交换路由（CGSR）和无线路由协议（WRP）。按需驱动路由协议相对来说是一种动态协议，采用按需驱动路由算法，节点需要一个到新的目的节点的路由时，必须找到该路由。通常采用 Ad hoc 按需距离矢量（AODV）、动态源路由（DSR）和临时排序路由算法（TORA）等完成。利用无线传感器网络中节点是按照往往先发送到中心转发节点，并且节点移动性不大等特点，可以优先选择按需驱动的路由协议。路由协议必须保证在满足服务质量的前提下，整个系统的能量损耗最小，以保证能量管理要求。

传统无线自组织分布式网络所定义的路由协议根本设计目标是在无需基础设施的条件下具备正常运行的能力，而无线传感器网络的目标是提供多节点的数据可靠传输。因此，通过固定节点多跳中继的无线传感器网络不需要复杂的分布式路由算法，但仍需保持灵活性以便在链路状态或流量模式改变后能相应地及时改变路由。

现有的自组织网络路由协议很多是以寻找最少跳数的路由为目的，这种路由度量标准的最大优点是简单。一旦网络拓扑确定，很容易计算跳数，并找到源和目的节点间的最少跳数路由，且计算跳数不需要额外的参数度量。但这种度量标准的最大缺点是没有考虑数据包丢失率和带宽，只考虑跳数最少并不足以找到延时、吞吐量和可靠性均相对理想的有效链路。跳数最少的路由不一定是吞吐量最大的路由，因为其中可能包含距离较远或丢失率较高的无线链路。例如，一个两跳、可靠的高速率路由的性能会优于一个一跳、丢失率低的低速率路由的性能。

为了发掘高效的无线传感器网络的路由算法，一种方法是最好采用交叉层设计方法，使无线 Mesh 网络中的路由选择能够结合物理层的测量以及 MAC 层的无线资源管理要素作为选择的依据，探索能量节省、干扰最少和路由跳数尽量小的无线路由度量标准，从而使系统性能得到改善。

第三节　无线传感器网络应用

无线传感器网络所具有的众多类型的传感器，可探测包括地震、电磁、温度、湿度、噪声、光强度、压力、土壤成分、移动物体的大小、速度和方向等周边环境中多种多样的现象。基于 MEMS 的微传感技术和无线联网技术为无线传感器网络赋予了广阔的应用前景。这些潜在的应用领域可以归纳为：军事、航空、反恐、防爆、救灾、环境、医疗、保健、家居、工业、商业等领域。

一、军事应用

无线传感器网络是网络中心战体系中面向武器装备的网络系统，是 C4ISR（Command，Control，Communications，Computing，Intelligence，Surveillance，Reconnaissance and Targeting）的重要组成部分。自组织和高容错性的特征使无线传感器网络非常适用于恶劣的战场环境中，进行我军兵力、装备和物资的监控，冲突区的监视，敌方地形和布防的侦察，目标定位攻击，损失评估，核、生物和化学攻击的探测等。

二、空间探索

探索外部星球一直是人类梦寐以求的理想，借助于航天器布撒的传感器网络节点实现对星球表面长时间的监测，应该是一种经济可行的方案。美国国家航空和宇宙航行局（National Aeronautics and Space Administration，NASA）的 JPL（Jet Propulsion Laboratory）实验室研制的 Sensor Webs 就是为将来的火星探测进行技术准备的，已在佛罗里达宇航中心周围的环境监测项目中进行测试和完善。

三、反恐应用

美国的"911"恐怖袭击造成了难以估量的巨大损失，而目前世界各地的恐怖袭击也大有愈演愈烈之势。采用具有各种生化检测传感能力的传感器节点，在重要场所进行部署，配备迅速的应变反应机制，有可能将各种恐怖活动和恐怖袭击扼杀在摇篮之中，防患于未然，或尽可能将损失降低到最少。

四、防爆应用

矿产、天然气等开采、加工场所，由于其易爆易燃的特性，加上各种安全设施陈旧、人为和自然等因素，极易发生爆炸、坍塌等事故，造成生命和财产损失巨大，社会影响恶劣。在这些易爆场所，部署具有敏感气体浓度传感能力的节点，通过无线通信自组织成网络，并把检测的数据传送给监控中心，一旦发现情况异常，立即采取有效措施，防止事故的发生。

五、灾难救援

在发生了地震、水灾、强热带风暴或遭受其他灾难打击后，固定的通信网络设施（如有线通信网络、蜂窝移动通信网络的基站等网络设施、卫星通信地球站以及微波中继站等）可能被全部摧毁或无法正常工作，对于抢险救灾来说，这时就需要无线传感器网络这种不依赖任何固定网络设施、能快速布设的自组织网络技术。边远或偏僻野外地区、植被不能破坏的自然保护区，无法采用固定或预设的网络设施进行通信，也可以采用无线传感器网络来进行信号采集与处理。

六、环境科学

随着人们对于环境的日益关注，环境科学所涉及的范围越来越广泛。通过传统方式采集原始数据是一件困难的工作。传感器网络为野外随机性的研究数据获取提供了方便，比如，跟踪候鸟和昆虫的迁移，研究环境变化对农作物的影响，监测海洋、大气和土壤的成分等。此外，也可用于对森林火灾的监控。

七、医疗保健

如果在住院病人身上安装特殊用途的传感器节点，如心率和血压监测设备，利用传感器网络，医生就可以随时了解被监护病人的病情，进行及时处理。还可以利用传感器网络长时间地收集人的生理数据，这些数据在研制新药品的过程中是非常有用的，而安装在被监测对象身上的微型传感器也不会给人的正常生活带来太多的不便。此外，在药物管理等诸多方面，它也有新颖而独特的应用。总之，传感器网络为未来的远程医疗提供了更加方便快捷的技术实现手段。

八、智能家居

嵌入家具和家电中的传感器与执行机构组成的无线传感器执行器网络与Internet连接在一起将会为人们提供更加舒适、方便和具有人性化的智能家居环境。包括家庭自动化（嵌入到智能吸尘器，智能微波炉，电冰箱等，实现遥控、自动操作和基于 Internet，手机网络等的远程监控）和智能家居环境（如根据亮度需求自动调节灯光，根据家具脏的程度自动进行除尘等）。

九、工业自动化

像机器人控制，工业自动化，设备故障监测故障诊断，工厂自动化生产线，恶劣环境生产过程监控，仓库管理，如沃尔玛公司使用的射频识别条型码芯片（RFID）等大型设备的监控：在一些大型设备中，需要对一些关键部件的技术参数进行监控，以掌握设备的运行情况。在不便于安装有线传感器的情况下，无线传感器网络就可以作为一个重要的通信手段。

十、商业应用

自组织、微型化和对外部世界的感知能力是无线传感器网络的三大特点，这些特点决定了无线传感器网络在商业领域也会有很多应用。比如，城市车辆监测和跟踪、智能办公大楼、汽车防盗、交互式博物馆、交互式玩具等众多领域，无线传感器网络都将会孕育出全新的设计和应用模式。

普遍网络化孕育的无线传感器网络是一种新的信息获取和处理技术，在各种领域，它有着传统技术不可比拟的优势，同时也必将开辟出不少新颖而有价值的商业应用。现今的信息系统是基于人类的输入或计算机产生的数据的，而未来的信息系统将建立在现实世界的物理数据。在未来，无线传感器网络会成为人们生活中不可或缺的一部分，这引起了科技界和商业界的广泛关注。著名的美国《商业周刊》早在 1999 年就在预测未来技术发展中将无线传感器网络列为 21 世纪最具影响的 21 项技术之一。MIT《技术评论》在 2003 年 2 月版中认为，有十种新兴技术在不远的将来会对世界产生巨大影响。排在这十种技术首位的就是无线传感器网络。2003 年 8 月 25 日的美国《商业周刊》在其"未来技术专版"中发文指出，效用计算、传感器网络、塑料电子学和仿生人体器官是全球未来的四大高技术产业，它们将掀起新的产业浪潮。

无线传感器网络是继 Internet 之后的 IT 热点技术，具有广阔的应用前景，将对 21 世纪人类的生活产生重大的影响，研究无线传感器网络的意义重大而深远。

习　　题

1. 什么是无线传感网络，它有哪些特征？
2. 传感器节点有哪几部分组成，各部分的功能是什么？
3. 无线传感网络协议有哪几部分组成，各部分的功能是什么？

第五章 短距离无线通信技术

本章重点

● 各种短距离无线通信技术的分类、基本概念、特点

通过本章的学习，应该掌握短距离无线通信技术。短距离无线通信技术主要介绍 ZigBee（紫蜂）技术、蓝牙技术、Wi－Fi 技术、超宽带（Ultra－Wide Band，UWB）无线通信技术。

第一节　短距离无线通信技术概念

短距离无线通信是一种短距离的高频无线通信技术，允许电子设备之间在较小的区域内（数百米）进行非接触式、点对点数据传输。目前常见的技术大致有 ZigBee 技术、蓝牙技术、Wi－Fi 技术、超宽带技术和红外传输技术等。每种技术都有其适应对象，同时每种技术也都在不断适应新的用户需求。可以预见，这些短距离技术的发展必将更好地服务于人们的工作和生活，使通信变得更为便捷。下面的章节将会介绍这几种短距离无线通信技术及其应用。

第二节　ZigBee 技术

一、概述

ZigBee 是一种新兴的短距离、低速率无线网络技术，它是一种介于无线标记技术和蓝牙技术之间的技术。它有自己的无线电标准，在数千个微小的传感器之间相互协调实现通信。这些传感器只需要很少的能量，以接力的方式通过无线电波将数据从一个传感器传到另一个传感器，所以它们之间的通信效率非常高。最后，这些数据可以进入计算机用于分析或是被另一种无线技术收集。目前，Zig-Bee 是部署无线传感器网络的新技术。

ZigBee 一词源自蜜蜂群在发现花粉位置时，通过跳 ZigBee 形舞蹈告知同伴，达到交换信息的目的。这是动物通过简捷的方式实现"无线"沟通的方式。人们借此称呼一种专注于低功耗、低成本、低复杂度、低速短距离无线网络通信技术。

完整的 ZigBee 协议包括物理层、介质链路层、网络层、安全层和应用层。其物理层和介质链路层协议为 IEEE 802.15.4 协议标准，网络层和安全层由 Zig-Bee 联盟制定，实现节点加入或离开网络、路由查找及数据通信等功能。应用层根据用户的应用需要，对其进行开发利用。

与其他无线协议相比，ZigBee 协议具有以下特点：数据传输速率低，功耗低，成本低，网络容量大，时延短，网络的自组织、自愈能力强，通信可靠。

在标准规范的制定方面，主要是 IEEE 802.15.4 小组与 ZiBee 联盟（Zig Bee Alliance）两个组织，两者分别制订硬件与软件标准，两者的角色分工就如同 IEEE802.11 小组与 Wi–Fi 之间的关系。在 IEEE 802.15.4 方面，2000 年 12 月 IEEE 成立了 IEEE 802.15.4 小组，负责制定介质链路层（MAC）与物理层（PHY）规范，在 2003 年 5 月通过 802.15.4 标准，802.15.4 任务小组目前在着手制定 802.15.4b 标准，此标准主要是加强 802.15.4 标准，包括解决标准有争议的地方、降低复杂度、提高适应性并考虑新频段的分配等。ZigBee 建立在 802.15.4 标准上，它确定了可以在不同制造商之间共享的应用纲要。802.15.4 仅定义了物理层和介质链路层，并不足以保证不同的设备之间可以对话，为推动 ZigBee 技术的发展，Chipcon、Ember、Freescale、Honeywell、Mistubishi、Motorala、Philips 和 Samsung 等共同成立了 ZigBee 联盟。

根据 IEEE 802.15.4 协议标准，ZigBee 的工作频段分为三个频段，这三个工作频段相距较大，而且在各个频段的信道数据不同。因而，该项技术标准中，各频段上的调制方式和传输速率不同。它们分别为 868MHz、915MHz 和 2.4GHz。其中在 2.4GHz 频段上分为 16 个信道，该频段为全球通用的工业、科学、医学（ISM：Industial, Scientific and Meducal）频段，该频段为免付费、免申请的无线电频段。在该频段上，数据传输速率为 250Kb/s；另外两个频段为 915MHz 和 868MHz，其相应的信道个数分别为 10 个和 1 个，传输速率分别为 40Kb/s 和 20Kb/s。868MHz 和 915MHz 无线电使用直接序列扩频技术（DSSS）和二进制相移键控（BPSK）调制技术，2.4GHz 无线电使用 DSSS 和偏移正交相移键控（OQPSK）。

在组网性能上，ZigBee 可以构造为星型网络或者点对点对等网络，在每一个 ZigBee 组成的无线网络中，连接地址码分为 16 位短地址或者 64 位长地址，可容纳的最大设备个数分别为 216 个和 264 个，具有较大的网络容量。

在无线通信技术上，采用载波侦听多路接入/冲突避免（CSMA - CA）方式，有效地避免了无线电载波之间的冲突。此外，为保证传输数据的可靠性，建立了完整的应答通信协议。为保证 ZigBee 设备之间通信数据的安全保密性，Zig-Bee 技术采用了密钥长度为 128 位的加密算法，对所传输的数据信息进行加密处理。

二、ZigBee 协议体系结构

ZigBee 协议栈由一组子层构成。每层为其上层提供一组特定的服务：一个数据实体提供数据传输服务，一个管理实体提供全部其他服务。每个服务实体通过一个服务接入点（Service Access Point，SAP）为其上层提供服务接口，并且每个 SAP 提供了一系列的基本服务指令来完成相应的功能。

ZigBee 协议栈的结构模型如图 5 - 1 所示。它虽然是基于标准的 7 层开放式系统互联模型（OSI），但仅对涉及 ZigBee 的层予以定义。IEEE 802. 15. 4 - 2003 标准定义了最下面的两层：物理层（PHY）和介质接入控制子层（MAC）。

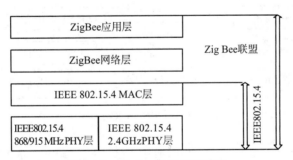

图 5 - 1　ZigBee 体系结构模型

ZigBee 联盟提供了网络层和应用层（APL）框架的设计。其中，应用层框架包括了应用支持子层（APS）、ZigBee 设备对象（ZDO）及由制造商制定的应用对象。

ZigBee 协议比较紧凑、简单，从总体框架来看，可以分为四个基本层次：物理层（PHY）、介质接入控制层（MAC）、ZigBee 堆栈层和应用层。PHY 层/MAC 层位于最底层，应用层位于最高层，协议栈的结构体系如图 5 - 2 所示。

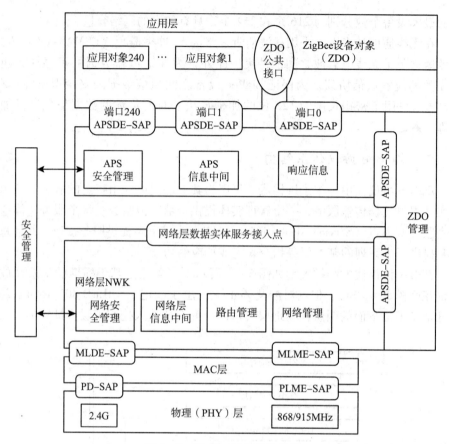

图 5 - 2   ZigBee 协议结构体系

物理层与物理传输媒介（这里主要指无线电波）相关，负责物理媒介与数据比特的相互转化，以及数据比特与上层（数据链路层）数据帧的相互转化。MAC 层负责寻址功能，发送数据时决定数据发送的目的地址，接收数据时判定数据的源地址。此外，也负责数据包或数据帧的装配以及接收到的数据帧的解析。

ZigBee 堆栈层由网络层与安全平台组成，提供应用层与 802. 15. 4 物理层/MAC 层的连接，由与网络拓扑结构、路由、安全相关的几个堆栈层组成。

应用层包含在网络节点上运行的应用程序，赋予节点自己的功能。应用层的主要功能是将输入转化为数字数据，或者将数字数据转化为输出。

相对于常见的无线通信标准，ZigBee 协议套件紧凑而简单，具体实现要求很低。最低需求估计为：硬件需要 8 位处理器，如 8051；软件需要 32KB 的 ROM，最小软件需要 4KB 的 ROM，如 CC2430 芯片具有 8 051 内核的、内存从 32KB 到 128KB 的 ZigBee 无线单片机；网络主节点需要更多的 RAM 以容纳网络内所有节点的设备信息、数据包转发表、设备关联表以及与安全有关的密钥存储器。

三、ZigBee 物理层

ZigBee 的物理层规范了通信频率，ZigBee 所使用的频率范围分别为 2.4GHz 和 868/915MHz。IEEE 802.15.4 定义了两个物理层标准，分别是 2.4GHz 和 868/915MHz 物理层。两个物理层都基本直接序列扩频（Direct Sgquence Spread Spectrum，DSSS）技术，使用相同的武力层数据包格式。

2.4GHz 波段为全球统一，无须申请的 ISM 频段，有助于 ZigBee 设备的推广和生产成本的降低。2.4GHz 的物理层通过采用高阶调制技术，能够提供 250Kb/s 的传输速率，从而提高数据吞吐率，缩短了通信时延和数据收发的时间，所以更加省电。868MHz 是欧洲附加的 ISM 频段，915MHz 是美国附加的 ISM 频段，工作在这两个频段上 ZigBee 设备避开的来自 2.4GHz 频段中其他无线通讯设备和家用电器的无线电干扰。868MHz 上的传输速率为 20Kb/s，916Mhz 上的传输速率则是 40Kb/s。

ZigBee 使用的无线信道如图 5-3 所示。从图片可以看出，ZigBee 使用的三个频段定义了 27 个物理信道。其中：

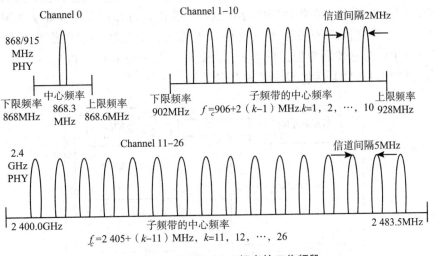

图 5-3　IEEE802.15.4 规定的工作频段

- 868MHz 频段定义了 1 个信道；
- 915MHz 频段附近定义了 10 个信道，信道间隔 2MHz；
- 2.4GHz 频段定义的 16 个信道，信道间隔为 5MHz，有利于简化收发滤波器的设计并能提高抗临道干扰能力。

物理层提供两个服务：PHY 数据服务和 PHY 管理服务，PHY 管理服务和物理层管理实体（PLME）接口。PHY 数据服务：在物理无线信道真接收和发送 PHY 协议数据单元（PPDU），物理层负责下面的任务。

- 无线收发信机的激活和去激活。
- 在当前信道上的能量检测（ED）。
- 链路质量指示（LQI），用在接收的数据包上。
- 清除信道估计（CCA）算法用在 CSMA/CA 技术中。
- 信道频率选择。
- 数据发送和接收。

IEEE 在物理层中还规范了传输速率以及调制方式等相关要求。在 2.4GHz 的物理层，数据传输速率为 250Kb/s，采用的是 18 相位正交调制技术（OQPSK）；在 915MHz 的物理层，数据传输速率为 40Kb/s，采用的是带有二进制移相键控（BPSK）的直接序列扩频（DSSS）技术。在 868MHz 的物理层，数据传输速率为 20Kb/s，采用的是带有二进制移相键控（BPSK）的直接序列扩频（DSSS）技术。

物理层通过射频和射频硬件提供的一个从 MAC 层到物理层无线信道的接叠。从图 5 - 4 可以看到，在物理层中存在数据服务接入点和物理层管理实体服务的接入点。通过这两个服务接入点提供如下服务：通过物理层数据服务接入点（PD - SAP）为物理层数据提供服务；透过物理层管理实体（PLME）服务的接入点（PLME - SAP）为物理层管理提供服务。

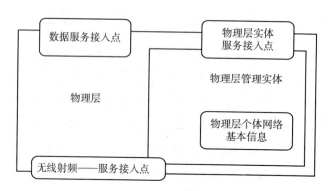

图 5 - 4　物理层结构模型

表 5 - 1 给出了物理层数据包的格式，ZigBee 物理层数据包由同步包头、物理层包头和物理层载荷三部分组成。同步包头由前同步码（前导码）和数据包（帧）定界符组成，用于获取符号同步、扩频码同步和帧同步，也有助于粗略的频率调整；物理层包头指示载荷部分的长度，物理层载荷部门含有 MAC 层数据包，载荷部分的最大长度是 127 字节。如果数据包的长度类型为 5 字节或大于 8 字节，那么物理层服务数据单元（PSDU）携带 MAC 层的帧信息，即 MAC 层协议数据单元。

表 5 - 1　　　　　　　　　　物理层数据包格式

4 字节	1 字节	1 字节		变量
前同步码	帧定界符	真长度（7 位）	预留位（1 位）	PSDU
同步包头		物理层包头		物理层载荷

四、ZigBee MAC 层

在 IEEE802 系列中，OSI 参考模型的数据链路层又被分力 MAC 和 LLC 两个子层。LLC 子层的功能包括传输可靠性保障、数据包的分段与重组、数据包的顺序传输。MAC 子层通过 SSCS（Snrvice - Specific Coevergence Sublayer）协议能支持多种 LLC 标准，其功能包括设备间无线链路的建立、维护和拆除，确认模式的帧传送与接收。信道接入控制、帧校验、预留实时隙管理和广播信息管理等。MAC 子层处理所有物理层无限信道的接入，其主要工作有：

- 网络协调器产生并发送网络信标帧。
- 支持个域网（PAN）关联和取消关联。
- 为设备的安全提供支持。
- 与网络信标同步。
- 信道接入方式采用载波监听多址接入/冲突避免（CSMA/CA）机制。
- 处理和维护保护时隙（GTS）机制。
- 在两个对等 MAC 实体之间提供一个可靠的通信链路。

MAC 层在服务协议汇聚层（SSCS）和物理层之间提供的一个接口，MAC 层提供了一个称为 MLME 的管理实体，该实体通过一个服务接口可调用 MAC 层管理功能，该实体还负责维护 MAC 层固有的管理对象的数据库：从图 5 - 5 可以看出，在 MAC 层两个不同服务的接入点提供的两个不同的 MAC 层服务；MAC 层通过它的公共部分子层服务接入点为它提供数据服务；MAC 层通过它的管理实体服务接入点为它提供管理服务。

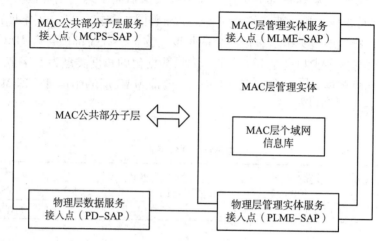

图 5-5　MAC 层结构模型

表 5-2 给出了 MAC 子层的数据包格式。MAC 子层数据包由 MAC 子层帧头 （MAC Header，MHR）、MAC 子层载荷和 MAC 子层帧尾 （MAC Footer，MFR） 组成。

表 5-2　　　　　　　　　　　　　　MAC 层数据包格式

2 字节	1 字节	0/2 字节	0/2/8 字节	0/2 字节	0/2/8 字节	可变	2 字节
帧控制	序号	目的 PAN 标识符	目的地址	源 PAN 标识符	源地址	帧载荷	FCS
MHR （MAC 子层帧头）						MAC 子层载荷	MFR

（1）MAC 子层帧头由 2 字节的帧控制域、一字节的帧列号域和最多 20 字节的地址域组成。帧控制域指明了 MAC 帧的类型、地址域的格式以及是否需要接收方确认等控制信息；帧序号域包含了发送方对帧的顺序编号，用于匹配确认帧，实现 MAC 子层的可靠传输；地址域采用的寻址方式可以是 64 位的 IEEE MAC 地址或者 8 位的 ZigBee 网络地址。

（2）MAC 子层载荷，其长度可变，不同的帧类型包含不同的信息，如 MAC 子层业务数据单元 （MSDU，MAC Service Data Unit）；但整个 MAC 帧的长度应该小于 127 字节，其内容取决于帧类型。IEEE 802.15.4 的 MAC 子层定义了 4 种帧类型：广播（信标）帧、数据帧、确认帧和 MAC 命令帧。只有广播帧和数据帧包含了高层控制命令或者数据，确认帧和 MAC 命令帧则用于 ZigBee 设备间与 MAC 子层功能实体间控制信息的收发。

（3）MAC 子层帧尾含有采用 16 位 CRC 算法计算出来的帧校验序列（Frame Check Sequence，FCS），用于接收方判断该数据包是否正确，从而决定是否采用 ARQ 进行差错恢复。广播帧和确认帧不需要接收方的确认；数据帧和 MAC 命令帧的帧头包含帧控制域，指示收到的帧是否需要确认，如果需要确认，并且已经通过了 CRC 校验，接收方将立即发送确认帧，若发送方在一定时间内收不到确认帧，将自动重传该帧，这就是 MAC 子层可靠传输的基本过程。

五、ZigBee 网络层

ZigBee 网络层的主要功能是提供一些必要的函数，确保 ZigBee 的 MAC 层正常工作，并且为应用层提供合适的服务接口。为了向应用层提供接口，网络层提供的两个功能服务实体：数据服务实体和管理服务实体，如图 5 - 6 所示。网络层数据实体通过网络层数据实体服务接入点（NLDE - SAP）提供数据传输服务，网络管理层实体通过网络层管理实体服务接入点（NLME - SAP）提供网络管理服务；网络层管理实体利用网络层数据实体完成一些网络的管理工作，并且网络层管理实体完成对网络信息库的维护和管理。

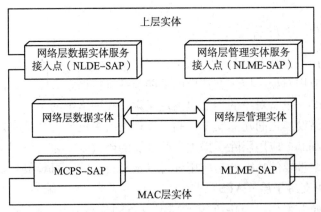

图 5 - 6 网络层结构模型

网络层通过 MSPS - SAP 和 MLME - SAP 接口为 MAC 层提供接口，通过 NL-DE - SAP 与 NLME - SAP 接口为应用层提供接口服务。网络层管理实体提供网络管理服务，允许应用与协议栈相互作用。网络层管理实体提供如下服务：配置一个新设备，初始化网络，加入或离开网络，寻址，邻居设备发现，路由发现和接收控制。

网络层数据实体为数据提供服务。在两个或多个设备之间传送数据时，将按照应用协议数据单元（APDU）的格式进行传送，并且这些设备必须在同一个网络中，即在同一个内部个域网中。网络层数据实体提供如下服务；生成网络层协议数据单元（NPDU），指定拓扑传送路由。

网络协议数据单元（NPDU）即网络层帧的结构，如表 5 - 3 所示。网络协议数据单元结构（帧结构）的基本组成部门是：网络层帧报头，包含帧控制、地址和序列信息；网络层帧的可变长有效载荷，包含帧类型所指定的信息。该表是网络层的通用帧结构，不是所有的帧都包含地址和序列域。有的 ZigBee 网络协议中也定义了数据帧和网络层命令帧。

表 5 - 3   网络层数据包表格式

2 字节	2 字节	2 字节	1 字节	1 字节	0/8 字节	0/8 字节	0/1 字节	变长	变长
帧控制	目的地址	源地址	广播半径域	广播序号	目的地址	源地址	多点传送控制	源路由帧	帧的有效载荷
网络帧层报头									网络层有效载荷

六、ZigBee 应用层

ZigBee 应用层框架包括应用支持层（APS）、ZigBee 设备对象（ZDO）和制造商所定义的应用对象。应用支持层的功能包括维持绑定表、在绑定的设备之间传送信息。ZigBee 设备对象的功能包括定义设备在网络中的角色，发起和响应绑定请求，在网络设备之间建立安全机制，发现网络中设备，并且决定他们提供何种应用服务。ZigBee 应用层除了提供一些必要的函数以及为网络层提供合适的服务接口外，一个重要的功能就是应用者可以定义自己的应用对象。

（一）应用支持子层（APS）

APS 负责如下工作：表格绑定：绑定设备间信息发送；组地址的定义与管理；64 位长地址映射到 16 位网络地址；包的分组与组装；数据可靠传输，需求水平和服务水平接口的关键是设备的绑定。绑定表保存在网络中的协调和路由器中。绑定表能把地址和源端点映射到一个或多个目标地址和目标断点。一组绑定设备的簇 ID 号相同。

（二）应用框架（AF）

应用框架应用对象发包和收包的执行环境。应用对象由 ZigBee 设备制造商定义。应用对处于应用层的顶部，由设备制造商所决定。应用对象执行具体应用。应用对象可以是灯泡、灯开关、LED、I/O 线等。应用层面由应用对象运行。每个应用对象通过相应的端点寻址，端点号范围从 1 号到 240 号。0 号的断点是 ZigBee 设备对象的地址。255 号端点是广播地址，信息能发送到特定节点的所有端点。241 号到 254 号端点预留作未来使用。

（三）ZigBee 设备对象（ZDO）

ZDO 负责所有设备的管理。具体来说，ZDO 负责开启应用支持子层和网络层；定义设备的工作模式，如协调器、路由器、终端设备；发现设备和确定设备提供什么应用服务；发起和响应绑定请求；安全管理。设备发现只能由协调器或路由器发起。终端设备响应设备发现查询后，根据请求发送自己的 IEEE 地址或网络地址。协调器或路由器发送自己的 IEEE 地址或发送附加上关联设备网络地址的网络地址。如果设备是协调器或路由器的子节点，设备就会关联协调器或路由器。

设备发现允许 Ad – Hoc 网络和自愈网络。服务发现是每个节点找出服务适合什么应用的过程。这条信息然后用在绑定表中关联提供服务的设备和需要服务的设备。

（四）ZigBee 设备文件

ZigBee 配置文件，也称为层面，是不同设备上应用之间信息处理的协定，是应用领域和应用领域接口所需要的设备描述。配置文件描述了逻辑组件和接口，为不同制造商提供的互用性。例如，家庭灯光配置文件方便一家制造商生产的无线开关去控制另一家制造商生产的照明设备。

配置文件分为三种：公共层面（或标准层面）、私立层面和出版层面。公共层面由 ZigBee 联盟管理，私立层面就转变成出版层面。

七、ZigBee 在数字化校园中的应用

近年来，随着互联网、物联网技术的快速发展，国内高校"数字化校园系统"正在逐渐完善并形成了产业化应用及推广。作为数字化校园的重要组成部分，一套基于 Zibgee 考勤终端的考勤系统，使学生考勤信息化纳入到整个系统中来，避免了教师用点名册点名的传统方式，不仅节省了大量的时间，也利于培养学生的时间意识和诚信意识，因此考勤系统信息化提供了尤为重要的作用。考勤工作变得高效、快捷，学生通过一卡通在上课教室门口刷卡，考勤系统立刻得到

当前学生的考勤记录，教师只要登陆考勤平台就能够看到学生的出勤情况，也能够对有事假的学生进行单独标记，考勤系统也能够对学生一学期的出勤情况进行统计，形成平时成绩考核的依据。

基于 ZigBee 技术的机房监控系统设计，更好地满足动态、智能、实时监控系统的需求。在标准林立的短距离无线通信领域 ZigBee 技术以其低功耗、低成本、网络扩展性好、安全性能高等优点获得各大元器件制造商和众多开发者的青睐并广泛应用于各个领域。以前对校园内分布广，需全天运行，功耗较大的路由器，设备使用年限较长的计算机的管理方式一般通过人工或视频监控的方式进行，这个技术的出现对这些情况都进行了密切的监控以防发生安全事故，不仅节省了大量的人力，更加高效的及时发现隐患，避免更大事故的出现。

随着电子技术的飞速发展，越来越多的领域应用到体感、无线智能控制等现代化技术。体感技术一般需要借助体感设备如手柄、脚带、感应帽等完成人体动作、表情的捕捉，如最为大众所知的 Wii 游戏。采用先进的体感技术，不需要借助设备，只需动手、动脚，即能通过识别器捕捉人体的运动线程，来控制终端设备。现在体感技术还处于发展阶段，但已经广泛应用到了游戏、影视、医疗等方面，随着时代的变迁与科学技术的发展，体感技术的应用领域必将进一步扩大，如我们把它应用在教学领域，来控制教学软件 PPT 的自动翻页和画图功能，以及用手势和语音控制教室的智能设备。我们采用短距离无线通信 ZigBee 技术实现对智能教室设备的控制以及环境的监测和控制。采用无线路由器、网关设备、ZigBee 模块完成对智能教室设备的控制。用户通过手机或平板电脑以无线 WiFi 的形式发送控制信号至无线路由器，控制信号经网线至以太网模块后发送至 Zig-Bee 模块，ZigBee 模块接收控制信号后经放大后通过天线以 ZigBee 信号的形式发送至 ZigBee 设备，从而实现体感技术对 ZigBee 设备的控制。

第三节　蓝　牙　技　术

一、概述

蓝牙技术（Bluetooth）是一种短距离无线通信技术，是无线数据与语音通信的开放性全球规范，以无线局域网的 IEEE 802.11 标准技术为基础，主要目的是取代当前电缆连接方案，通过统一的短程无线链路，在各信息设备间实现方便快捷、灵活安全、低成本、微功耗的语音和数据通信。

蓝牙一词源自 10 世纪统一丹麦的哈洛德·布美塔特国王的绰号，该国王爱吃蓝莓致牙齿被染蓝，故名蓝牙。以蓝牙命名该技术，寓意将其成为全球规范。它实质是固定设备或移动设备间建立通用的无线空中接口，将通信技术与计算机技术进一步结合起来，使各种 3C（Computer，Communication and Control）设备在没有电线或电缆相互连接情况下，能在近距离范围内实现相通信和操作（正常使用范围 10 毫米～10 米，增大发射功率可延长至 100 米）。由于蓝牙技术具有跳频快，数据包短、功率低等特点，故抗干扰能力更强、辐射更小。它推动并扩大了无线通信应用范围，能实现网络中各种数据的无缝共享。自 1998 年提出以来，蓝牙技术发展异常迅速，受到众多厂商和研究机构的关注，成立的世界蓝牙技术联盟 Bluetooth SIG，采用技术标准公开的策略推广该技术。

国际权威组织也非常关注蓝牙技术标准的制定和发展。例如，IEEE 标准化机构成立 802.15 工作组，专门关注有关蓝牙技术标准的兼容和未来的发展等问题：IEEE802.15.1TG 讨论建立与蓝牙技术 1.0 版本相一致的标准；IEEE802.15.2TG2 探讨蓝牙如何与 IEEE802.11b 无线局域网技术共存的问题；IEEE802.15.3TG3 则研究蓝牙技术如何向更高速速率发展的问题。蓝牙技术涉及一系列软、硬件技术、方法和理论，包括无线通信与网络技术，软件工程、软件可靠性理论，协议的正确性验证、形式化描述和一致性互联测试技术，嵌入式实时操作系统，跨平台开发和用户界面图形化技术，软、硬件接口技术，高集成、低功耗芯片技术等。早在 1994 年，爱立信公司便开始蓝牙技术的研发，意在通过一种短程无线链路，直线 PC、耳机及台式设备等之间互联。1997 年 7 月，推出蓝牙协议 1.0 版本，它可使计算机、通信与信息、家电生产厂家按此技术规范设计、制造嵌入蓝牙技术的产品。1998 年 2 月，爱立信、诺基亚、英特尔、东芝、IBM 公司共同组建特别兴趣小组，此后，3Com、朗讯、微软、摩托罗拉公司也相继加盟蓝牙计划，目标是开发全球通用的小范围无线通信技术。蓝牙技术的诞生，不仅使键盘，鼠标、打印机等告别电缆连线，还可将家用电器如空调、电视、移动电话等无线联网，进而形成无线个人网，实现资源无缝共享，显示出巨大的社会效益、经济效益。

二、蓝牙技术的基本结构

蓝牙系统一般由以下 4 个功能单元组成：天线单元；链路控制（固件）单元；链路管理（软件）单元；蓝牙软件（协议）单元。

（一）天线单元

蓝牙是以无线 LAN 的 IEEE802.11 标准技术为基础的，使用 2.45GHz ISM（Industrial Scientific Medical，工业、科学、医学）全球通用的自由波段。蓝牙要求其天线部分体积十分小巧、重量轻，因此蓝牙天线属于微带天线，空中接口是建立天线电平为 0dBm 电平的 ISM 频段的标准。当采用扩频技术时，其发射功率可增加到 100mW。频谱扩展功能是通过起始频率为 2.402GHz、终止频率为 2.480GHz、间隔为 1MHz 的 79 个跳频频率来实现的。其最大的跳频速率为每秒 1 660 跳。系统通过通信距离为 10cm～10m，甚至可达 100m。

蓝牙使用全球通用的 2.4GHz，即工作在 ISM 频段，它的数据速率为 1Mb/s。ISM 频带是属于无需授权许可（Free License）、开放的频带，因此使用其中的某个频段都会遇到不可预测的干扰源。例如，某些家电、无绳电话、汽车房开门器、微波炉等，都可能是干扰。为此，蓝牙特别设计了快速确认和跳频方案以确保键路稳定。跳频技术是把频带分成若干个跳频信道（hop channel），在一次连接中，无线电收发器按一定的码序（即一定的规律，技术上叫做"伪随机码"）不断地从一个信道"跳"到另一个信道，只有收发双方是按这个规律进行通信的，而其他的干扰不可能按同样的规定进行干扰；跳频的瞬时带宽是很窄的，但通过扩展频谱技术使这个窄带宽成百倍地扩展成宽频带，使干扰可能产生的影响变得很小。

与其他工作在相同频段的系统相比，蓝牙跳频更快，数据包更短，这使蓝牙比其他系统都更稳定；FEC（Forward Error Correction，前向纠错）的使用抑制了长距离链路的随机噪音；应用了二进制调频（FM）技术的跳频收发器被用来抑制和防止衰落。

（二）链路控制（固件）单元

在目前蓝牙产品中，人们使用的 3 个 IC 分别作为连接控制器、基带处理器以及射频传输/接收器，此外还使用了 30～50 个单独调谐元件。

基带链路控制器负责处理基带协议和其他一些低层常规协议。

基地控制器有 3 种纠错方案；1～3 比例前向纠错（FEC）码；2/3 比例前向纠错码；数据的自动请求重发方案。

采用 FEC 方案的目的是为了减少数据重发的次数，降低数据传输负载，但是要实现数据的无差错传输，FEC 就必然要生成一些不必要的开销比特而降低数据的传送效率。这是因为数据包对于是否使用 FEC 是弹性定义的。报头总有占 1/3 比例的 FEC 码起保护作用，其中包含了有用的链路信息。

在无编号的 ARQ 方案中，在一个时隙中传送的数据必须在下一个时隙得到收到的确认。只有数据在接收端通过了报头错误检测和循环冗余检测后认为无错才向发端发回确认消息，否则返回一个错误消息。比如，蓝牙的语音信道采用连续可变斜率增量调制（Continuous Variable Slope Delta Modulation，CVSD），即技术语音编码方案。获得高质量传输的音频编码。CVSD 编码擅长处理丢失和被损坏的语音采样，即使比特错误率达到 4%，CVSD 编码的语音还是可听的。

而 Cambridge Consultants 的分公司 Cambridge Silicon Radio 就提出了他们的看法。这个公司的入门产品是一个单芯片传输器和联接控制器，不需要外部的SAW 滤波器、搪陶瓷电容或感应器。产品集成度非常高，使用了 0.18μm 或0.15μm 技术，能够在几乎不增加成本的情况下把基带电路加到芯片中。

（三）链路管理（软件）单元

链路管理（LM）软件模块携带的链路的数据设置、鉴权、链路硬件配置和其他一些协议，LM 能够发现其他远端的 LM 并通过 LMP（链路管理协议）与之通信。LM 模块提供如下服务；

（1）发送和接收数据。

（2）请求名称。

（3）链路地址查询。

（4）建立连接。

（5）链路模式协商和建立。

（6）决定帧的类型。

（7）将设备设为 Sniff（呼吸）模式。Master 只能有规律地在特定的时隙发送数据。

（8）将设备设为 hold（保持）模式。工作在 hold 模式的设备为了节能在一个较长的周期内停止接收收据。平均每 4s 激活一次链路。这由 LM 定义，LC（链路控制器）具体操作。

（9）当设备不需要传送或接收数据但仍需保持同步时，将设备设为暂停模式。处于暂停模式的设备周期性地激活并跟踪同步，同时检查 page（寻呼）消息。

（10）建立网络连接，在建立微微网内的连接之前，所有的设备都处于 stand by（就绪）状态。这种模式下，未连接单元每隔 1.28s 周期性地"监听"信息。每当一个设备被激活，它就监听规划给单元的 32 个跳频频率。跳频频率的数目因地理区域的不同而异，32 个跳频频率适用于除日本、法国和西班牙之外的大多数国家。作为 master 的设备首先初始化连接程序，如果地址已知，则通过 page 消息建立连接；如果地址未知，则通过一个后续 page 消息的 inquiry（查询）消息建立连接。在最初的寻呼状态，master 单元将分配给被寻呼单元的 16 个跳频频率上发送一串 16 个相同的 page 消息。如果没有应答，master 则按照激活次序在剩余的 16 个频率上继续寻呼。Slave 收到从 master 发来的消息的最大延迟时间为激活周期的 2 倍（2.56s），平均延迟时间是激活周期的一半（0.6s）。Inquiry 消息主要用来寻找蓝牙设备，如共享打印机、传真机和其他一些地址未知的类似设备。Inquiry 消息和 page 消息相似，但是 inquiry 消息需要一个额外的数据串周期来收集所有的响应。

如果微微网中已经处于连接的设备在较长一段时间内没有数据传输，蓝牙支持节能工作模式。Master 可以把 slave 置为 hold 模式，在这种模式下，只有一个内部计数器在工作，slave 也可以主动要求被置为 hold 模式。一旦处于 hold 模式的单元被激活，则数据传递也立即重新开始。Hold 模式外，蓝牙还支持另外两种节能工作模式：sniff 模式和 park 模式。在 sniff 模式下，slave 降低了从微微网"收听"消息的速率，"呼吸"间隔可以依照应用要求做适当调整。在 park 模式下，设备依然与微微网同步但没有数据传送。工作在 park 的模式下的设备放弃的 MAC 地址，偶尔收听 master 的消息并恢复同步、检查广播消息。如果将这几种工作模式按照节能效率以升序排序，则依次是：呼吸模式、保持模式和暂停模式。

连接类型和数据包类型。连接类型定义了那种类型的数据包能在特别连接中使用。蓝牙基带技术支持的连接类型包括：同步定向连接（Syechronous Connection Oriented，SCO）类型，主要用于传送语音；异步无连接（Asyechronous Connection Less，ACL）类型，主要用于传送数据包。

同一个微微网中不同的主从对可以使用不同的连接类型，而且在一个阶段内可以任意改变类型。每个连接类型最多可以支持 16 种不同类型的数据包，其中包括 4 个控制分组，这一点对 SCO 和 ACL 来说都是相同的。两种连接类型都使用 TDD（时分双工传输方案）实现全双工传输。

SCO 连接为对称连接，利用保留时隙传送数据包。连接建立后，master 和 slave 可以不被选种就发送 SCO 数据包。SCO 数据包既可以传送话音，也可以传送数据，但在传送数据时，只用于重发被损坏的那部分数据。

ACL 链路就是定向发送数据包，它的既支持对称连接，也支持不对称连接。Master 负责控制链路带宽，并决定微微网中的每个 slave 可以占用多少带宽和连接的对称性。Slave 只有被选中时才能传送数据。ACL 链路也支持接收 master 发给微微网中的所有 slave 的广播消息。

鉴权和保密。蓝牙基带部分在物理层为用户提供数据保护和信息保密机制。鉴权基于"请求 – 响应"运算法则。鉴权是蓝牙系统中的关键部分，它允许用户为个人的蓝牙设备建立一个信任域。比如只允许主人自己的笔记本电脑通过主人自己的移动电话通信。加密被用来保护连接的个人信息。密匙由程序的高层来管理。网络传送协议和应用程序可以为用户提供一个较强的安全机制。

（四）软件（协议）单元

蓝牙基带协议结合电路开关和分组交换机，适用于语音和数据传输。每个声道支持 64Kb/s 同步链接。而异步信道支持任一方向上高达 721Kb/s 和回程方向 57.6Kb/s 的非对称链接。也可以支持 43.2Kb/s 的对称链接。因此，它可以足够快地应付蜂窝系统上的非常大的数据比率。一般来说，它的链接范围为 100 毫米～10 米。蓝牙软件构架规范要求蓝牙设备支持基本水平的互操作性。

蓝牙设备需要支持一些基本互操特性要求。对于某些设备而言，这种要求涉及无线模块、空中协议及应用层协议和对象交换格式。Bluetooth1.0 标准由两个文件组成：一个是 Foundation Core，它规定了设计标准；另一个是 Fouedation Profile，它规定的是相互操作性准则。但对另外一些设备，如耳机，这种要求就简单得多。蓝牙设备必须能够彼此识别并装载与之相应的软件以支持设备更高层次的性能。

蓝牙对不同级别的设备（如 PC、手持机、移动电话、耳机等）有不同的要求，例如，你无法期望一个蓝牙耳机提供地址簿。但是移动电话、手持机、笔记本电脑就需要有更多的特性。软件（协议）结构需要有如下功能：设置及故障诊断工具；能自动识别其他设备；取代电缆连接；与外设通信；音频通信与呼叫控制；商用卡的交易与号簿网络协议。

蓝牙的软件（协议）单元是一个独立的操作系统，不与任何操作系统捆绑。适用于几种不同商用操作系统的蓝牙规范正在完善中。

近年来，移动通信发展迅速，便携式计算如掌上电脑（Laptop）、笔记本电脑（Notebook）、手持式电脑（HPC）以及 PDA 等也迅速发展，还有 Internet 的迅速发展，使人们对电话通信以外的各种数据信息传递的需求日益增长。

蓝牙技术把各种便携式电脑和蜂窝电话用无线连接起来，使计算机与通信更加密切地结合起来。使人们能随时随地进行数据信息的交换与传输。因此，计算机行业、移动通信行业都对蓝牙技术很重视，认为其将对未来的无线移动数据通信业务有巨大的促进作用。预计在最近几年内无线数据通信业务将迅速增长。蓝牙技术被认为是无线数据通信最为重大的进展之一。

三、蓝牙技术的协议栈

蓝牙技术规范的目的是使符合该规范的各种应用之间能够实现互操作。互操作的远端设备需要使用相同的协议栈，不同的应用需要不同的协议栈，但是，所有的应用都要使用蓝牙技术规范中的数据链路层和物理层。

完整的蓝牙协议栈如图 5 - 7 所示，不是任何应用都必须使用全部协议，而是可以只使用其中的一列或多列。图 5 - 7 显示了所有协议之间的相互关系，但这种关系在某些应用中是有变化的。

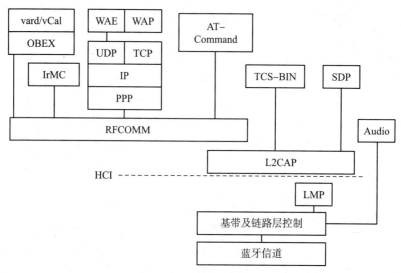

图 5 - 7　蓝牙的协议栈结构

完整的协议栈包括蓝牙专用协议（如连接管理协议 LMP 和逻辑链路控制应用协议 L2CAP）以及非专用协议（如对象交换协议 OBEX 和用户数据报协议 UDP）。设计协议和协议栈的主要原则是尽可能利用现有的各种高层协议，保证现有协议与蓝牙技术的融合以及各种应用之间的互操作，充分利用兼容蓝牙技术规范的软、硬件系统。蓝牙技术规范的开放性保证了设备制造商可以自主地选用其专用协议或习惯使用的公共协议。在蓝牙技术规范基础上开发新的应用。

蓝牙协议体系中的协议按 SIG 的关注程度分为 4 层：

● 核心协议：BaseBand、LMP、L2CAP、SDP。

● 电缆替代协议：RFCOMM。

● 电话传送控制协议：TCS - Binary、AT 命令集。

● 选用协议：PPP、UDP/TCP/IP、OBEX、WAP、vCard、vCal、IrMC、WAE。

除上述协议层外，规范还定义了主机控制器接口（HCI），它为基带控制器、连接管理器、硬件状态和控制寄存器提供命令接口。HCI 是软、硬件之间必不可少的接口，其功能是解释并传递两层之间的消息和数据。软件通过 HCI 调整用底层 LMP/BB 和 RF 等硬件。HCI 以下的功能由蓝牙设备实施。HCI 以上的功能由软件运行，在主机上实现。HCI 对于上、下两层数据的传输都是透明的。HCI 位于 L2CAP 的下层，但 HCI 也可位于 L2CAP 上层。

蓝牙协议由 SIG 制定的蓝牙专用协议组成。绝大部分蓝牙设备都需要核心协议（加上无线部分），而其他协议则根据应用的需要而定。总之，电缆替代协议、电话控制协议和被采用的协议在核心协议基础上构成了面向应用的协议。

（一）蓝牙核心协议

1. 基带协议

基带和链路控制层确保微微网内各蓝牙设备单元之间由射频构成的物理连接。蓝牙的射频系统是一个跳频系统，其任一分组在指定时隙、指定频率上发送。它使用查询和分页进程同步不同设备间的发送频率和时钟。为基带数据分组提供的两种物理连接方式，即面向连接（SCO）和无连接（ACL），而且，在同一射频上可实现多数数据传送。ACL 适用于数据分组，SCO 适用于语音以及数据的组合，所有的话音和数据分组都附有不同级别的前项纠错（FEC）或循环冗余校验（CRC），而且可进行加密。此外，对于不同数据类型（包括连接管理信息和控制信息）都分配一个特殊通道。

可使用各种用户模式在蓝牙设备间传送话音，面向连接的话音分组只须经过基带传输，而不到达 L2CAP。话音模式在蓝牙系统内相对简单，只须开通话音连接就可传送话音。

2. 连接管理协议（LMP）

该协议负责各蓝牙设备间连接的建立。它通过连接的发起、交换、核实，进行身份认证和加密，通过协商确定基带数据分组大小。它还控制无线设备的电源模式和工作周期，以及微微网内设备单元的连接状态。

3. 逻辑链路控制和适配协议（L2CAP）

该协议是基带的上层协议，可以认为它与 LMP 并行工作，它们的区别与，当业务数据不经过 LMP 时，它采用了多路技术、分割和重组技术、群提取技术。L2CAP 允许高层协议以 64K 字节长度收发数据分组。虽然基带协议提供了 SCO 和 ACL 两种连接类型，但 L2CAP 只支持 ACL。

4. 服务发现协议（SDP）

发现服务在蓝牙技术框架上起着至关重要的作用，它是所有用户模式的基础。使用 SDP 可以查询到设备信息和服务类型，从而在蓝牙设备间建立相应的连接。

（二）电缆替代协议（RFCOMM）

RFCOMM 是基于 ETSI - 07.10 规范的串行线仿真协议。它在蓝牙基带协议上仿真 RS - 232 控制和数据信号，为使用穿行线传送机制的上层协议（如 OBEX）

提供服务。

（三）电话控制协议

1. 二元电话控制协议（TCS – Binary 或 TCSBIN）

该协议是面向比特的协议，它定义了蓝牙设备间建立语音和数据胡椒的控制信令，定义了处理蓝牙 TCS 设备群的移动管理进程，基于 ITUTQ931 建议的 TCS-Binary 被指定为连亚的二元电话控制协议规范。

2. AT 命令集电话控制协议

SIG 定义了控制多用户模式下移动电话和调制解调器的 AT 命令集，该 AT 命令集基于 ITUTV0.250 建议和 GSM07.07，它还可以用于传真业务。

（四）选用协议

1. 点对点协议（PPP）

在蓝牙技术中，PPP 位于 RFCOMM 上层，完成点对点的连接。

2. TCP/UDP/IP

该协议是由互联网工程任务组制定，广泛应用于互联网通信的协议。在蓝牙设备中，使用这些协议是为了与互联网相连接的设备进行通信。

3. 对象交换协议（OBEX）

IrOBEX（简写为 OBEX）是由红外数据协会（IrDA）制定的会话层协议，它采用简单的和自发的方式交换目标。OBEX 是一种类似于 HTTP 的协议，面向应用的会话层协议。它运行于蓝牙协议栈的顶部，支持文件传输（File Transfer）、对象"推"操作（Object Push Profile）、同步（Synchronization）等多种应用，提供了设备间简单易行的对象交换手段。可交换的对象可是文件、图像，也可是应用支持的任何数据单位。对象交换采用了基于查询—应答方式的 Client/Server 模式，任意粮台蓝牙设备间都可组成主从关系，主动发起方是主设备（Client），被找到者是从设备（Server）。

4. 无线应用协议（WAP）

该协议是由无线应用协议论制定的，它融合了各种广域无线网络技术，其目的将互联网内容和电话传送的业务传送到数字蜂窝电话和其他无线终端上。

电子名片交换格式（vCard）、电子日历及日程交换格式（vCal）都是开放性规范，它们没有定义传输机制，而只是定义了数据传输格式。SLG 采用 vCard/vCal 规范，是为了进一步促进个人信息交换。

可直观地将蓝牙的主要功能协议功能归纳如表 5 – 4 所示。

表 5 – 4

项目	协议	主要功能
核心协议	基带协议（BB）	在蓝牙单元之间建立 RF 连接
	链路管理协议（LMP）	负责蓝牙设备之间的链路设置和控制
	链路控制和适配协议（L2CAP）	复用协议，分组重组，组提取
	服务发现协议（SDP）	使不同蓝牙设备相识并建立连接
非核心协议	串行电缆仿真协议（PFCOMM）	基带上仿真 RS – 232 的功能，实现设备串行通信。
	电话控制协议（TCS）	处理来自其他设备的语音和设备呼叫
	二进制电话控制协议（TCS – BIN）	定义设备之间建立语音和数据呼叫的控制指令
	AT 命令（AT COMMANDS）	控制移动电话和调制解调的连接，也能用于传真业务会话层协议，采用简单的和自发的方式交换目标
	对象交换协议（OBEX）	类似于 PTTP 的协议
	电子名片交换格式（vCard）电子日历及日程交换格式（vCal）	SIG 采用 vCard/vCal 规范，是为了进一步促进个人信息交换。
	无线应用协议（WAP）	其目的是将互联网业务和电话传送的业务传送到数字蜂窝电话和其他无线终端上
	点到点协议（PPP）	定义点到点如何传输因特网数据
	传输控制协议（TCP）、网际协议（IP）用户数据报协议（UDP）	定义基于因特网的通信功能

四、蓝牙技术的特点

蓝牙技术是为了实现以无线电波替换移动设备所使用的电缆而产生的。它试图以相同成本和安全性完成一般电缆的功能。从而使移动用户摆脱电缆束缚，这就决定了蓝牙技术具备以下技术特性。

（一）成本低

为了能够替代一般电缆，它必须具备和一般电缆差不多的价格，这样才能被广大普通消费者接受，也才能使这项技术普及开来。蓝牙的最终目标是集成于单价为 5 美元的 CMOS 芯片。目前，蓝牙芯片价格降不下来，既有经济原因，也有技术原因。从技术角度来看，蓝牙芯片集成了无线、基带和链路管理层功能，而链路管理功能实际上既可以硬件实现，也可以通过软件实现，如果由软件实现链路管理层功能，那么芯片被简化，价格也将变的合理。

（二）功耗低、体积小

蓝牙技术本来目的就是用于互联小型移动设备及其外设，它的市场目标是移动笔记本电脑、移动电话、小型的 PDA 以及它们的外接设备，因此蓝牙芯片必须具有功耗低、体积小的特点，以便于集成到时候小型便携设备中去。蓝牙产品输出功率很小（只有1mW），仅是微波炉使用功率的百万分之一，是移动电话的一小部分。

（三）近距离通信

蓝牙技术通信距离为 10 米，如果需要的话，还可以选择放大器使其扩展到 100 米，这已经足够办公室内任意摆放外围设备，而不用再担心电缆长度是否够用。

（四）安全性

同其他无线信号一样，蓝牙信号很容易被截取，因此蓝牙协议提供了认证和加密功能，以保证链路级的安全。蓝牙系统认证与加密服务由物理层提供，采用流密码加密技术，适合于硬件实现，密钥由高层软件管理。如果有更高级别的保密要求，可以使用更高级、更有效的传输层和应用层安全机制。认证可以有效地防止电子欺骗以及不期望的访问，而加密则保护链路隐私，除此之外，跳频技术的保密性和蓝牙有限的传输范围也使窃听变得困难。

在提供链路级认证和加密的同时，也阻碍了一些公共性较强应用模型的用户友好访问。如服务发现和商业卡虚拟交换等。因此，为了满足这些不同的安全需求，蓝牙协议定义的三种安全模式。模式 1 不提供安全保障，模式 2 提供业务级安全，模式 3 则提供链路级安全。

五、蓝牙技术在数字化校园中的应用

（一）文件传输模式

文件传输的目的是使两个终端之间的数据交换成为可能，传输时使用的协议如图 5-8 所示，可传送的文件有 doc、jpg、ppt、xls、wav 等文件，还包括远端文件夹浏览功能。传输文件的设备可归结成 C/S 结构。客户可从服务器下载文件，或向服务器上传文件。服务器是一种使用对象交换协议（OBEX）文件夹列表格式的远端蓝牙设备，其支持目标交换服务、文件夹浏览功能，还允许客户修改、创建文件文件夹。

图 5-8　文件传输协议栈

（二）Ieternet 网桥模式

这种用户模式可通过手机或无线调制解调器向 PC 提供拨号入网和收发传真的功能，而不必与 PC 有物理上的连接，拨号上网需要两列协议栈（不包括 SDP），如图 5 - 9 所示。AT 命令集用来控制移动电话或调制调解器以及传送其他业务数据的协议栈。传真采用类似协议栈，但不使用 PPP 及基于 PPP 的其他网络协议，而由应用软件利用 RFCOMM 直接发送。

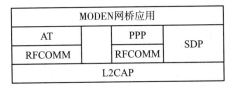

图 5 - 9　因特网网桥模式协议栈

（三）头戴式设备模式

使用该模式，用户打电话时可自由移动。通过无线连接。头戴式设备通长作为蜂窝电话、无线电话或 PC 的音频输入输出设备。头戴式设备协议栈如图 5 - 10 所示，语音数据流不经过 L2CAP 层而直接接入基带协议层。头戴式设备必须能收发并处理 AT 命令，且能接收相应的编码信号。

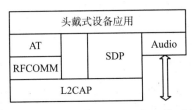

图 5 - 10　头戴式设备协议栈

（四）蓝牙手机模式

蓝牙手机可接入公用电话网与其他座机或手机通话，也可基站内使用。由此所需的应用协议如图 5 - 11 所示。其中音频数据信号不经过 L2CAP 层，而直接与基带协议层连接。

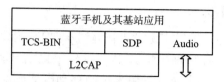

图 5 – 11　蓝牙手机模式协议栈

（五）区域网访问模式

无线接入过程类似于拨号接入。蓝牙设备欲访问局域网，需要遵从蓝牙协议中定义的点到点的协议（PPP）。PPP 协议可解决接入网络时的授权、加密、数据压缩等操作；在连接时也采用相同的 PPP 结构。局域网接入点（LAP）起着 PPP 服务器的作用，提供的接入服务包括家庭网络、USB、电缆 MODEN、1394 接口、以太网以及光线令牌网等。数据终端则起着 PPP 客户的作用，与一个 LAP 建立起 PPP 连接，构成局域网接入；接入后数据终端就能享受 LAP 提供的服务。笔记本电脑、PAD、PC 机是常见的数据终端。相应的应用协议栈如图 5 – 12 所示。

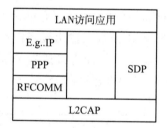

图 5 – 12　局域网访问模式协议栈

（六）个人资料管理模式

常见的个人资料管理有电话簿记录查询、日历、任务通过和名片的输入及更新，传送的协议或格式由收发共同确认。例如，当移动通信设备靠近笔记本电脑时，允许其自动笔记本电脑同步。相应的协议如图 5 – 13 所示。

图 5 – 13　个人资料管理协议栈

（七）对讲机应用模式

蓝牙对讲机是一种具有同时发送和接收功能的蓝牙设备。为了使两个蓝牙设备近距离建立直接语音通路，必须现建立链路，并使用基于电话的信令。语音调制方式可选用 PCM 调制或 CVSD 调制。

（八）无绳电话应用模式

内置蓝牙芯片的无绳电话可通过基站接入 PSTN，进行语音传输。无绳电话模型定义有网关和终端。网关是外部网络的终点，收纳所有进入网络的通信信息，能完成外部网络呼叫、建立请求中心的任务，进入或来自外部网络的呼叫都由网关处理。不同的网关分别能同时支持单个或多个活动终端。

（九）数据同步模式

同步用户模式提供设备到设备的个人资料管理（PIM）的同步更新功能，其典型应用如电话簿、日历、通知和记录等。它要求 PC、蜂窝电话和个人数字助理（PDA）在传输和处理名片、日历及任务通知时，使用通用的协议和格式，格式由收发双方共同确认。其协议栈如图 5 - 14 所示，其中同步应用模块代表红外移动通信（IrMC）客户机或服务器。

图 5 - 14　数据同步模式协议栈

第四节　Wi - Fi 技术

一、Wi - Fi 技术概述

Wi - Fi 是一种可以将个人电脑、手持设备（如 PDA、手机）等终端以无线方式互相连接的技术。简单来说，其实就是 IEEE802.11b 的别称，是由一个名为"无线以太网相容联盟"（Wireless Ethernet Compatibility Aliaece，WECA）的组织所发布的业界术语，它是一种短程无线输入技术，能够在数百英尺范围内支持互联网接入的无线电信号。随着技术的发展，以及 IEEE802.11a、IEEE802.11g、

802.11n、802.11ac 等标准的出现，现在 IEEE802.11 这个标准已被统称作 Wi-Fi。它可以帮助用户访问电子邮件、Web 和流式媒体。它为用户提供了无线的宽带互联网访问。同时，它也是在家里、办公室或在旅途中上网的快速、便捷的途径。Wi-Fi 无线网络是由接入点（Access Point，AP）和无线网卡组成的无线网络。在开放性区域，通讯距离可达 305 米；在封闭性区域，通讯距离为 76~122 米，方便与现有的有线以太网络整合，组网的成本更低。

二、Wi-Fi 技术的基本原理

Wi-Fi 的典型设置通常包括一个或多个接入点（AP）及一个或多个客户端。每个接入点每隔 100ms 将服务单元标识（Service Set Identifier，SSID）即网络名称（Network Name）经由 beacons 封包广播一次，beacons 封包的传输速率为 1Mb/s，并且该封包的长度非常短。因此这个广播工作对 Wi-Fi 网络的性能影响并不大。又因为 Wi-Fi 规定的最低传输速率为 1Mb/s，所以足以确保所有接收到这个 SSID 广播封包的 Wi-Fi 客户端都能至少在 1Mb/s 的速率下进行通信。

基于如 SSID 这样的设置，客户端可以决定是否联结到某个接入点，若同一个 SSID 的两个接入点都在客户端的接收范围内，客户端可以根据信号的强度选择与哪个接入点的 SSID 联结。

对于 Wi-Fi 网络的信道频率，除了 802.11a 使用的是 5GHz 频率，Wi-Fi 的频谱部分布在 2.4GHz 左右，因为该频率段对全世界各国都开放且无需许可的，尽管确切的频率分配，如最大允许功率，在各国有着细微的差别，但按频率划分的信道数量是全世界做了统一规范的，因此所授权的频率段可通过信道数量进行区分。

三、Wi-Fi 技术的特点

（一）优点

1. 无线电波的覆盖范围广

Wi-Fi 的半径可达 100 米，适合办公室及单位楼层内部使用。而蓝牙技术只能覆盖 15 米内。

2. 速度快，可靠性高

802.11b 无线网络规范是 IEEE802.11 网络规范的变种，最高带宽为 11Mb/s，在信号较弱或有干扰情况下，带宽可调整为 5.5Mb/s、2Mb/s 和 1Mb/s，带宽的自动调整，有效地保障了网络的稳定性和可靠性。

3. 无须布线

Wi-Fi 最主要的优势在于不需要布线，可以不受布线条件的限制，因此非常适合移动办公用户的需要，具有广阔市场前景。目前，它已经从传统的医疗保健、库存控制和管理服务等特殊行业向更多行业拓展开去，甚至开始进入家庭及教育机构等领域。

4. 健康安全

IEEE802.11 规定的发射功率不可超过 100mW，实际发射功率约 60~70mW，手机的发射功率约 200mW~1W 之间，手持式对讲机高达 5W，而且无线网络使用方式并非像手机直接接触人体，是绝对安全的。

（二）缺点

相对于有线接入方式，Wi-Fi 技术仍有一定的缺陷：

1. 传输速率局限性

虽然 Wi-Fi 技术最高数据传输速率标称可达 11~54Mb/s，但系统开销会使应用层速率减少 50% 左右。同时频率干扰会使数据传输速率明显降低。

2. 质量的不稳定性

空间的无线电波间存在相互影响，特同频段同技术设备之间将存在明显影响。不仅如此，无线电波传播中根据障碍物不同将发生折射、反射、衍射、信号无法穿透等情况，其质量和信号的稳定性都不如有线接入方式。

3. 需要提高的安全性。

Wi-Fi 采用的基本用户的认证加密体系来提高其安全性，但其安全性和数据的保密性都不如有线接入方式。

另外，IP 无线网络，存在不足之处，如带宽不高、覆盖半径小、切换时间长等，使得其不能很好地支持移动 VoIP 等实时性要求高的应用；并且无线网络系统对上层业务开发不开放。使得适合 IP 移动环境的业务难以开发。

Wi-Fi 技术采用以下 IEEE802.11 系列标准。

①802.11a。IEEE802.11a 工作频段为 5GHz，物理层速率可达 54Mb/s，传输层可达 25Mb/s。采用正交频分复用（OFDM）扩频技术。可提供 25Mb/s 的无线 ATM 接口、10Mb/s 以太网无线帧结构接口和 TDD/TDMA 的空中接口，支持语音、数据、图像业务、一个扇区可接入多个用户，每个用户可带多个用户终端。

②802.11b。IEEE802.11b 工作频段为 2.4GHz，物理调制方式为补码键控（CCK）编码的直接序列扩频（DSS），最大数据传输速率为 11Mb/s，无须直线传播。其实际的传输速率在 5Mb/s 左右，使用动态速率转换，当射频情况变差时，可将数据传输速率降低为 5.5Mb/s、2Mb/s 和 1Mb/s。

③802.11g。IEEE802.11g 是为解决 802.11a 和 802.11b 的兼容而制定的标准。是 802.11b 的延续，使用 ISM2.4GHz 通用频段，互通性高，802.11g 的速率上限已经由 11Mb/s 提高至 54Mb/s，但由于 2.4GHz 频段干扰过多，在传输速率上低于 802.11a。

④802.11n。IEEE802.11e 是 Wi－Fi 联盟在 802.11a/b/g 后制定的一个无线传输标准协议。802.11n 可以将 WLAN 的传输速率由目前 802.11a 及 802.11g 的 54Mb/s 提高到 300Mb/s 甚至高达 600Mb/s。采用多入多出（MIMO）与 OFDM 技术相结合，提高了无线传输质量，也使得传输速率得到极大提升。802.11n 采用智能天线技术，通过多组独立天线组成的天线阵列，可以动态调整波束，保证让 WLAN 用户接收到稳定的信号并可以减少其他信号的干扰，因此其覆盖范围可以扩大到几平方公里，使 WLAN 移动性极大提高。在兼容性方面，802.11n 采用的一种软件无线电技术，作为一个完全可编程的硬件平台，使得不同系统的基站和终端均可通过这一平台的不同软件实现互通和兼容。这使得 WLAN 的兼容性得到极大改善。这意味着 WLAN 不仅能实现 802.11n 向前后兼容，而且可以实现 WLAN 与无线广域网络的结合。

⑤802.11e/f/h。IEEE802.11e 标准对无线局域网 MAC 层协议提出改进，以支持多媒体传输，支持所有无线局域网无线广播接口的服务质量保证（QoS）机制。

IEEE802.11f 定义访问间节点之间的通信，支持 IEEE802.11 的接入点互操作业（IAPP）。

IEEE802.11h 用于 802.11a 的频道管理技术。

⑥802.11i。IEEE802.11i 标准是结合 IEEE802.1x 中的用户端口身份验证和设备验证，对 WLAN 的安全性。IEEE802.11i 新修订标准主要包括两项内容："Wi－Fi 保护访问（WPA）"技术和"强健安全网络一"。

⑦802.11e。IEEE802.11e 标准增强的 802.11MAC 层，为 WLAN 应用提供的 Qos 支持能力。802.11e 对 MAC 层的增强与 802.11a、802.11b 中对物理层的改进结合起来，增强整个系统的性能，扩大 802.11 系统的应用范围，使得 WLAN 也能够传送语音、视频等应用。

⑧802.11x。IEEE802.11x 标准是所有 IEEE802 系列 LAN（包括无线 LAN）的整体安全体系架构，包括认证（EAP 和 Radius）和密匙管理功能。802.11i 是对 802b11x 的 MAC 层在安全性方面的增强。它与 802.11x 一起，为 WLAN 提供认证和安全机制。

四、Wlan 在数字化校园中的应用

网络建设随着 INTERNET 的飞速发展，从传统的布线网络发展到了无线网络，作为无线网络之一的无线局域网（Wireless Local Area Network，WLAN），满足了人们实现移动办公的梦想，为我们创造了一个丰富多彩的自由天空。无线网络已经得到了初步的应用，特别是在高校网络的建设中，更是应该把无线局域网的建设提到日程上来。但无线网络毕竟是近几年来的新生事物，需要学校管理层及使用者更全面地了解它，尝试阐述无线局域网在高校网络建设及使用中的优势、体系结构及在高校构建无线局域网的方法。无线局域网在大学数字化校园建设中必将起到举足轻重的作用。

（一）充分利用学校现有资源

当前，大学校园中基本全部具有校园局域网，教师利用多媒体进行教学已经司空见惯，老师带着笔记本电脑去上课更已不是什么新鲜事，有的高校已经基本形成无纸化课堂。随着无线技术迅速发展，学校难以避免的要实现无线局域网，这是一个必然的趋势。无线局域网的架设，可以使用户不再受线路的限制，并能使高速无线与各校已经安装的有线局域网集成起来，从而保护学校和教师已有的投资。

（二）有利于扩容重整

对于有线网络来说，办公地点或网络拓扑的改变通常意味着重新建网。重新布线是一个昂贵、费时、浪费和琐碎的过程，无线局域网可以避免或减少以上情况的发生。使用无线接入方式，既可用于物理布线困难的地方，调试也相对简单，又更能节省大量的维护费用，是目前局域网用户升级、改造现有网络最佳的途径。

（三）节省大量专项经费

使用无线接入解决方案，可以节省大量的布线成本，仅需要在每个教室或宿舍的每个楼层预留一至两个以太局域网接口，便可轻松实现无缝接入校园网。启用无线接入解决方案后，仅需购置几十块无线网卡即可。

（四）充分覆盖校园

合理地布置无线局域网接入点，可以使整个校园都有网络，学校就不必再投入大量的资金来建设更多公共机房；在座位紧张的电子阅览室，学生也不必为上机发愁，真正实现数字化校园的功能。而且由于没有线缆的限制，学校可以方便地按需增加工作站或重新配置工作站。

（五）可以让网络管理高效有序

采用无线接入的方式来访问校园网，同有线网络比较，安全维护上并不需要

特殊的投资，在管理上则完全按照有线网络来管理。即通过服务器来给不同的用户设置权限，这样不同的用户只能访问特定的资源。

第五节 超宽带技术

一、什么是超宽带

超宽带（Ultra – Wide Band，UWB）无线通讯技术（简称 UWB 技术），源于20 世纪 60 年代，但其应用一直仅限于军事、灾害救援搜索、雷达定位及测距等方面。这项技术最初用于军事目的，比如透地精密雷达和保密通信。1993 年，美国南加州大学通信科学研究所的 R. A. Scholtz 在国际军事通信会议上发表论文，论证了采用冲激脉冲进行跳时调制的多址技术，从而开辟了将冲激脉冲作为无线电通信信息载体的新途径。自 1998 年起，FCC 针对超宽带无线设备对原有窄带无线通信系统的干扰及其相互共容的问题上开始广泛征求业界意见，在有美国军方和航空界等众多不同的意见的情况下，FCC 仍开放了 UWB 技术在短距离无线通信领域的应用许可。有人称它为无线电领域的一次革命性进展，认为它将成为未来短距离无线通信的主流技术。

FCC 规定 UWB 工作频谱位于 3.1 ~ 10.6GHz。如图 5 – 15 所示，UWB 与其他技术的产品存在同频和邻频干扰问题。为了降低 UWB 信号发射的功率谱秘密级可达 –41.3dBm/MHz。如图 5 – 16 所示为在 FCC 条例下第 15 部分所规定使用的频谱限界。图片分为室内和室外使用两部分，其中的主要区别是：室外的带外部分具有较高的功率衰落程度，其目的是要保护现有频段或相邻频段及其他设备免遭 UWB 信号较强的同频干扰。如避免对工作在中心频率为 1.6GHz 的 GPS 接收器构成较强的干扰。

UWB 的核心冲击无线电技术，即用持续时间非常短（亚纳秒级）的脉冲波形来代替传统传输系统的持续波形。从经傅立叶变换之后的特性来看，信号作占的带宽远远大于信息本身的带宽。

UWB 的定义：带宽比大于 25% 或绝对带宽大于 500MHz 的无线电技术被称为超宽带无线电。带宽比定义为射频带看与中心频率之比（B/f_C），其中：$B = f_H - f_L$ 表示 –10dB 射频带宽，中心频率为 $f_C = (f_H + f_L)/2$。中心频率大于 2.5GHz 的 UWB 系统必须占有至少 500MHz 的 –10dB 绝对带宽，如果 UWB 系统的中心频率小于 2.5GHz，那么它的带宽比必须大于 25%。

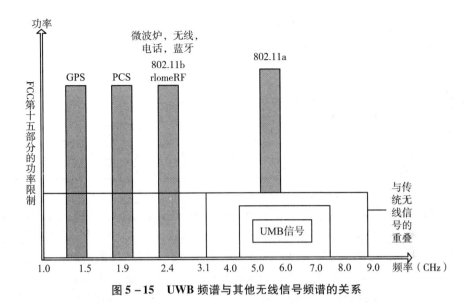

图 5-15　UWB 频谱与其他无线信号频谱的关系

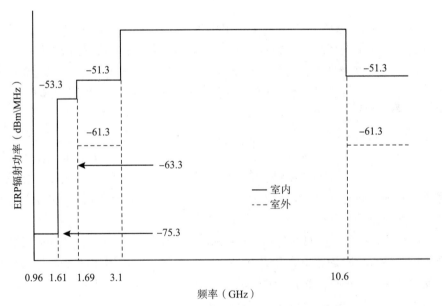

图 5-16　FCC 对 UWB 通信与测量系统的限界规定

在频域上，超宽带比传统的窄带和宽带的频带更宽，窄带是指相对带宽（信号带宽与中心频率之比）小于1%，相对带宽1%~25%之间被称为宽带，相对带宽大于 25%，（中心频率大于 500MHz）的被称为超宽带。表 5 – 5 表示这三个概念。

表 5 – 5 三个概念的区别

类别	信号带宽（中心频率）
窄带	≤1%
宽带	%1≤…≤25%
超宽带（UWB）	≥25%（或带宽≥500MHz）

在时域上，一般的通信系统是通过发送射频载波进行信号调制，而 UWB 是利用起、落点的时域脉冲（几十纳秒）直接实现调制，超宽带的传输把调制信息过程放在一个非常宽的频带上进行。而且以这一过程中所持续的时间，来决定带宽所占据的频率范围。由于 UWB 发射功率受限，进而限制了其传输距离。UWB 信号的有效传输距离在 10 米以内，故而在民用方面，UWB 普遍定位于个人局限网范畴。

UWB 为无线局域网 LAN 和个域网 PAN 的接口卡和接入技术带来低功耗、高带宽并且相对简单的无线通信技术。超宽带技术解决了困扰传统无线艺术多年的有关传播方面的重大难题，它具有对信道衰落不敏感；发射信号功率谱密度低，有低截获能力，系统复杂度低，能提供数厘米的定位精度等优点。UWB 尤其适用于室内等秘密多径场所的高速无线接入和军事通信应用中。

超宽带和其他的"窄带"或者是"宽带"主要区别之一是：超宽带典型的用于无载波应用方式。传统的"窄带"和"宽带"都是采用无线电频率（RF 载波来传送信号），频率范围从基带到系统被允许使用的实际载波频率。相反的，超宽带的实现方式是能够直接地调制一个大的激增和下降时间的"脉冲"，这样所产生的波形占据了几个 GHz 的带宽。

UWB 产品在工作时可以发送出大量的非常短、非常快的能量脉冲。这些脉冲都是经过精确计时的，每个只有几毫微秒长，脉冲可以覆盖非常广泛的区域。脉冲的发送时间是根据一种复杂的编码而且改变的，脉冲本身即可以代表数字通信中的 0，也可以代表 1。

超带宽技术在无线通信方面的创新性、利益性具有很大的潜力，在商业多媒体设备、家庭和个人网络方面极大地提高了一般消费者和专业人员的适应性和满意度。所以一些有眼光的工业界人士都在全力建立超宽带技术及其技术。超宽带技术在高端技术领域，如雷达跟踪、精确定位和无线通信方面具有广阔的前景。

二、超宽带有关的关键技术

UWB 技术最基本的工作原理是发送和接收脉冲间隔严格受控的高斯单超时脉冲，超短时单周期脉冲决定了信号的带宽很宽，接收机直接用一级前端交叉相关器就把脉冲序列转换成基带信号，省去了传统通信设备中的中频级，极大地降低了设备复杂性。

UWB 技术采用脉冲位置调制 PPM 单周期脉冲来携带信息和信道编码，译本工作脉宽 0.1~1.5ns，重复周期在 25~1 000ns。图 5 - 17 显示了使用的单周期高斯脉冲的时域波形和频域特性。

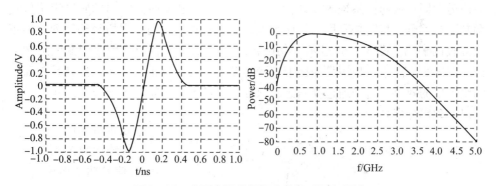

图 5 - 17　典型高斯单周期脉冲的时领和频域

实际通信中使用一长串的脉冲，而非单周期高斯脉冲。周期性重复的单脉冲的时域特性造成了频谱的离散化。这些尖峰将会对传统无线电设备和信号构成干扰，而且这种十分规则的脉冲序列也没有携带什么有用信息。如图 5 - 18 所示。

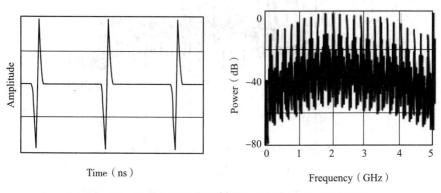

图 5 - 18　周期性重复的单周期脉冲序列的时、频域特性

采用脉冲位置调制 PPM，即改变时域的周期性可以减低这种尖峰。比如，可以用每个脉冲出现位置超前或落后于标准时刻一个特定的时间 δ 来表示一个特定的信息。图 5 – 19 是一个二进制信息调制的实例。

图 5 – 19 中，调制前脉冲的平均周期和调制量 δ 的数值都极小。因此，调制后在接收端需要用匹配滤波技术才能正确接收，即用交叉相关器在达到零相位差的时候就可以检测到这些调制信息，即使信号电平低于周围噪声电平。图 5 – 19 中可见，调制后降低了频谱的尖峰幅度。之所以仍不够十分平滑是因为时间位置偏移量不够大，也不够杂乱。为了进一步平滑信号频谱，可以让重复时间的位置偏移量 δ 大小不一，变化随机，同时也为了在共同的信道，如空中取得自己专用的信道，即直线通信系统的多址，可以对一个相对长的时间帧内的脉冲串按位置调制进行编码，特别是采用的伪序列编码。接收端只有用同样的编码序列才能正确接收的解码。图 5 – 20 显示了伪随机时间调制编码后的脉冲序列的波形和频谱。在图 5 – 20 中，频谱已经接近白噪声频谱，功率也小的许多，这就是伪随机编码产生的效果。适当地选择码组，保证组内各个码字相互正交或接近正交，就可以实现码分多址。

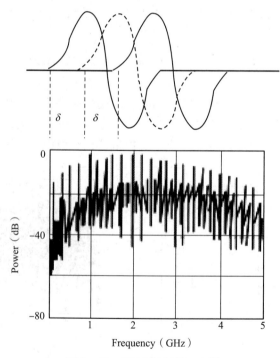

图 5 – 19　PPM 调制的示意图

UWB 系统采用相关接收技术，关键部件称为相关器（correlator）。相关器用准备好的模板波形乘以接收到的射频信号，再积分就得到一个直流输出电压。相乘和积分只发生在脉冲持续时间内，间歇期则没有。处理过程一般不到 1ns 的时间内完成。相关器实质上是改进了的延迟探测器，模板波形匹配时，相关器的输出结果量度了接收到的单周期脉冲和模板波形的相对时间位置差。

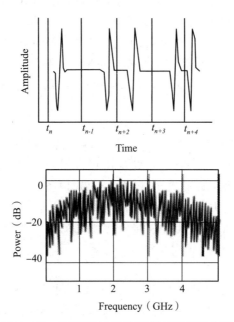

图 5 - 20   伪随即时间调制编码后的脉冲序列

虽然 UWB 信号几乎不对工作于同一频率的无线设备造成干燥，但是所有带内的无线电信号都是对 UWB 信号的干扰，UWB 可以综合运用伪随机编码和随机脉冲位置调制以及相关解调技术来解决这一问题。

三、超宽带技术的特点

时域超窄、频域超宽是 UWB 脉冲最基本的特征。UWB 不同于传统的无线通信通信技术，已经不能用原来建立在正弦波基础上的产同天线通信传输理论和方法进行研究和分析。UWB 具有如下传输通信系统无法比拟的技术特点。

（一）系统结构的实现比较简单

当前的无线通信技术所使用的通信载波是连续的电波，载波的频率和功率在一定范围内变化，从而利用在载波的状态变化来传输信息。而 UWB 则不使用载波，它投入发送纳米级脉冲来传输数据信号。UWB 发射器直接用脉冲小型激励天线，不需要传统收发器所需要的上变频，从而不需要功用放大器与混频器，因此，UWB 允许用非常低廉的宽带发射器。同时在接收端，UWB 接收机也有助于传统的接收机，不需要中频处理。因此，UWB 系统结构的实现比较简单。

（二）高速的数据传输

在民用商品中，一般要求 UWB 信号的传输范围为 10 米以内，再根据经过修改的信道容量公式，其传输速率可达 500Mb/s，是实现个人通信和无线局域网的一种理想调制技术。UWB 以非常宽的频率带宽来换取高速的数据传输。并且不单独占用现在已经拥挤不堪的频率资源，而是共享其他无线技术使用的频带。在军事应用中，可以利用巨大的扩频增益来实现远距离、低截获率、低检测率、高安全性和高速的数据传。

（三）功耗低

UWB 系统使用间歇的脉冲来发送数据，脉冲持续时间很短，一般在 0.20ns ~ 1.5ns 之间，有很低的占空因数，系统耗电可以做到很低，子高速通信时系统的耗电量仅为几百微瓦到几十毫瓦。民用的 UWB 设备功率一般是传统移动电话所需功率的 1/100 左右，是蓝牙设备所需功率的 1/20 左右。军用的 UWB 电台耗电也很低。因此，UWB 设备在电池寿命和电磁辐射上，相对于传统无线设备有着很大的优越性。

（四）安全性高

作为通信系统的物理层技术具有天然的安全性能。由于 UWB 信号一般把信号能量弥散在极宽的频带范围内，对一般通信系，UWB 信号相当于白噪声信，并且大多数情况下，UWB 信号的功率谱密度低于自然的电子噪声。从电子噪声中将脉冲信号检测出来是一件非常困难的事。采用编码对脉冲参数进行伪随机化后，脉冲的检测将更加困难。

（五）多径分辨能力强

由于常规无线通信的射频信号大多为连续信号或其持续时间远大于多径传播时间，多径传播效应限制了通信质量和数据传输速率。由于超宽带无线电发射的是持续时间极短的单周期脉冲且占空比较低，多径信号在时间上是可分离的。假如多径脉冲要在时间上发生交叠，其多径传输路径长度应小于脉冲宽度与传播速度的乘积，由于脉冲多径信号在时间不重叠，很容易分离出多径分量以充分利用发射信号的能量。大量的实验表明，对常规无线电信号多径衰落深达 10 ~ 30dB 的多径环境，对超宽带无线电信号的衰落最多不到 5dB。

（六）定位精确

冲激脉冲具有很高的定位精度，采用超宽带无线电通信，很容易将定位与通信合一，而常规无线电难以做到这一点。超宽带无线电具有极强的穿透能力，可在室内和地下进行精确定位，而 GPS 定位系统职能工作在 GPS 定位卫星的可视范围之内；与 GPS 提供绝对地理位置不同，超短脉冲定位器可以给出相对位置，其定位精度可达厘米级，此外，超宽带无线电定位器更为便宜。

（七）工程简单造价便宜

在工程实现上，UWB 比其他无线技术要简单得多，可全数字化实现。它只需要以一种数学方式产生脉冲，并对脉冲产生调制，而这些电路都可以被集成到一个芯片上，设备的成本将很低。

（八）系统容量大

超宽带无线电发送占空比极低的冲击脉冲，采用跳时（TH）地址码调制，便于组成类似于 DS－CDMA 系统的移动网络。由于超宽带无线电系统具有很高的处理增益，并且具有很强的多径分辨能力。因此，超宽带无线电系统用户数量大大高于 3G 系统。

（九）穿透能力强

实验系统证明，超宽带无线电具有很强的穿透树叶和障碍物的能力，有希望填补常规超短波信号在丛林中不能有效传播的空白。实验表明。适用于窄带系统的丛林通信模型同样可适用于超宽带系统，超宽带技术还能实现隔墙成像等。

四、超宽带技术的应用

根据上述的 UWB 特点和功能，UWB 技术可以应用于无线多媒体家域网、个域网、雷达定位和成像系统，智能交通系统，以及应用于军事、公安、救援、医疗、测量等多个领域。

（一）无线多媒体家域网、个域网

UWB 使用户无须通过错杂复杂的线路来连接家庭电脑/手提电脑、键盘、显示器、扬声器、打印机、扫描仪、鼠标、电视等设备。借助 UWB，用户甚至没必要将所有这些设备都安装在同一个房间内。用户能通过 UWB 实现以下功能；

①无须使用电缆，即可建立家庭影院，可将内容传输到房屋中的任何一台电视机。

②将图像从数码相机即时传输到个人电脑/手提电脑、电视或其他显示设备上。

③只要 MP3 播放器进入个人电脑、手提电脑、家庭影院 MP3 服务器的覆盖范围，即可传输数兆的 MP3 音频数据。

④无须连接线路，即可连接视频游戏控制台、多个操作杆/控制器和显示

设备。

⑤向个人手持媒体播放器（PMV）传输数字媒体文件，如完全长度的电影，只需要几秒时间即可完成，供用户在旅途中欣赏。

⑥无线连接多种工作设备，例如手提电脑、PDA 和投影机、办公室的人员能够坐在会议室中，无线共享带有图像和音频的演示。

（二）智能交通系统

UWB 系统同时具有无线通信和定位的功能，可以方便地应用于智能交通系统中，为汽车防撞系统、智能收费系统，测速系统等提供高性能、低成本的解决方案。比如，汽车防撞系统中，装在汽车上的 UWB 设备不断地发射短脉冲，测量本车和其他车辆之间的距离，其精度可以达到 10～20cm。如果距离低于警界值。UWB 设备通知汽车内电脑系统，采用相应的措施。UWB 设备与电脑系统的连接可以是有线或无线的。用无线连接，可以避免使用额外的电缆，而且放置方便、灵活。

（三）军事、救援等领域

UWB 系统，特别是采用无载波脉冲方式的 UWB 系统，具有较强的穿透障碍物进行通信的功能，在军事、消防、勘探等领域有着广泛的用途。2003 年 2 月，美国 Time Domain 公司推出了穿墙透视仪 Radar – Vision 采用的 UWB 技术，可以透过两三层一般墙壁，探测 10 米范围内的物体，为警察、特种部队士兵等制服藏匿在室内的持枪歹徒提供的强有力的先进工具。在消防上，UWB 设备可用于搜救火场内、废墟下的幸存者。在勘探领域，利用 UWB 技术，可以探测到地表以下数米深的物质。

习　　题

1. 短距离无线通信的技术有哪些？
2. 简述 Zigbee 的体系结构。
3. 简述蓝牙技术的基本结构。
4. 超宽带的关键技术有哪些？

第六章　无线通信系统

本章重点
- 无线通信系统的概念
- 无线通信系统中的关键技术
- CDMA 移动通信技术
- 卫星通信技术

通过本章的学习，应该掌握无线通信技术，熟悉无线通信中的关键技术，如远程无线通信技术 CDMA 移动通信系统和卫星通信系统。

第一节　无线通信系统的概念

一、无线通信系统

无线通信（Wireless Communication）与有线通信技术相对，是利用电磁波信号可以在自由空间中传播的特性进行信息交换的一种通信方式。无线通信技术是近些年信息通信领域中发展最快、应用最广的通信技术之一。在移动中实现的无线通信通称为移动通信，二者合称为无线移动通信。无线通信的特点：

（1）利用无线电磁波进行信息传输。

（2）占用无线频谱资源。

（3）电磁波信号强度随着距离增加而不断衰减。

（4）无线移动通信引起多普勒效应。

（5）在复杂的干扰环境中运行。

（6）环境的干扰。

（7）无线信号间的干扰。

二、通信系统模型

通信系统是由通信中所需要的一切技术设备和传输媒质构成的总体。通信系统由发送端、接收端和传输媒介组成。通信系统的发送端由信息源和发射机组成，接收端由接收机和终端设备组成，信号通过空间电磁波传送。发射机（TX）对原始信号进行转换，形成已调制射频信号（高频电磁波），通过发射天线送出。接收机（RX）接收信号，放大、变频后，将其进行解调，再送给终端设备。如图 6-1 所示。

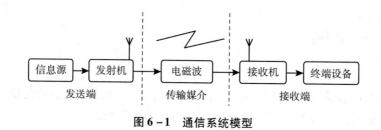

图 6-1　通信系统模型

三、模拟信号和数字信号

通信传输的消息可分为模拟消息和离散消息。模拟消息的原始信息电信号的参量连续变化，成为模拟基带信号。数字消息的原始电信号参量离散取值，称为数字基带信号。如图 6-2 所示。

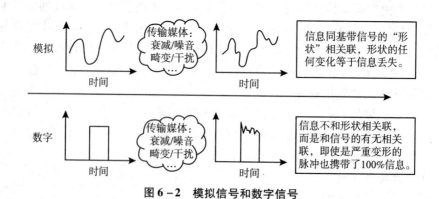

图 6-2　模拟信号和数字信号

传输数字基带信号的数字通信系统逐渐取代传输模拟基带信号的模拟通信系统。对于模拟基带信号，可以通过信源编码技术转换成数字基带信号，再进行传输，信号接收后再经过信源译码技术恢复成模拟基带信号。

数字信号的优点：

（1）信号可以再生（便于存储）。

（2）信道容量较大。

（3）安全性好（可以进行加密）。

（4）可以进行差错控制。

（5）可传送数据。

数字信号的缺点：

与模拟方式相比，传送同样数量的信息需要更大的系统带宽。

四、发射机

数字通信系统的发射机主要由编码器、调制器和放大器等组成。发射机对原始电信号进行转换，形成射频（RF）信号。如图6－3所示。

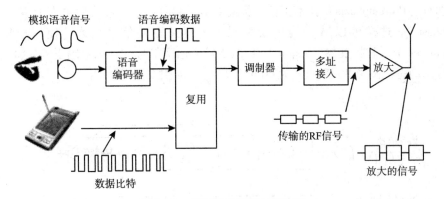

图6－3　发射机功能流程示意图

五、接收机

数字通信系统的接收机主要由放大器、调制器和解码器等组成。射频（RF）信号经过处理后，输出音频信号或将数据送到终端设备。如图6－4所示。

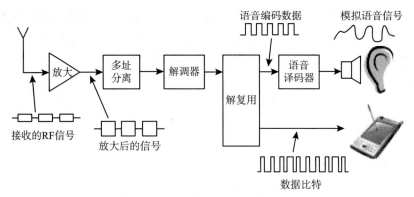

图 6 – 4　接收机功能流程示意图

六、通信系统中的语音处理

(一) 模拟通信系统中的语音处理

语音信号频率范围一般在 300Hz ~ 3 400Hz。使用带通滤波器将传输的语音信号频率限制在 300Hz ~ 3 000Hz（基本上仍然可以保证通话质量）。在发送前使用预加重（Pre-emphasis）技术将信号提高 6dB，然后在信号接收后再去加重（De-emphasis），这样可以减少输出功率噪音，而又不使信号失真。使用压缩器（Compressor）和扩展器（Expandor）减少输入语音信号的动态范围影响，将话音信号的动态范围由 80dB 压缩为 40dB（2∶1）。如图 6 – 5 所示。

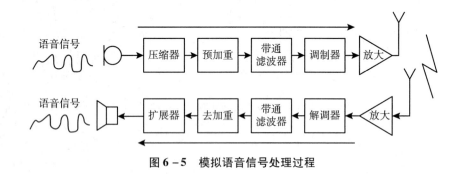

图 6 – 5　模拟语音信号处理过程

(二) 数字通信系统中的语音处理

语音编译码器 CODEC（编码器 Coder/译码器 Decoder）是数字通信系统的重要部件，用以将语音信号由模拟信号转换成数字信号（编码），在传输后又转换回模拟信号（译码）。语音编码包括采样、量化、编码三个过程，译码过程相反。

如图 6 - 6 所示。

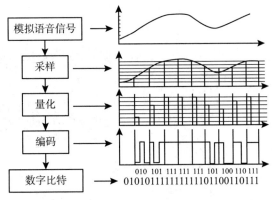

图 6 - 6　数字语音信号处理过程

第二节　无线通信系统中的关键技术

一、调制技术

调制解调器 MODEM（Modulation/Demodulation），分为调制和解调。调制就是对信号源信号进行处理，使其变为适合于信道传输的形式；解调则是在接收端将收到的频带信号还原成基带信号。基带信号就是信号源信号，含有直流分量和频率较低的频率分量。基带信号不能直接用于信道传输，而必须转变为频率非常高的信号（天线长度为接收信号波长的 1/4 时，其发射和接收的转换效率最高）。基带信号经过调制器变成调制信号，以用于传输。调制有模拟调制和数字调制两大类。模拟调制使用基带信号去调制射频。数字调制先对模拟信号进行编码，再对射频进行数字调制。

（一）调制原理

信号的幅度、频率、相位是电磁波波形的三个基本参数。为了将信息信号调制在载波上，可以利用此信息信号来改变载波的幅度、频率、相位。对于模拟通信系统，与模拟信息对应的调制参数是连续变化的。对于数字通信系统，与数字信息对应的调制参数可以离散取值。如图 6 - 7 所示。

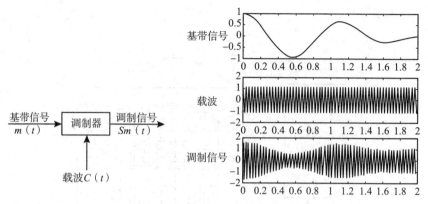

图 6-7 调制过程的信号类型

按照调制参数的不同，调制可分为调幅（AM）、调频（FM）和调相（PM）。对于二进制数字信息，可以使用开关键控方式控制调制参数，对应于幅度、频率、相位对应的调制方式分别为：幅移键控（ASK）、频移键控（FSK）和相移键控（PSK）。如图 6-8 所示。

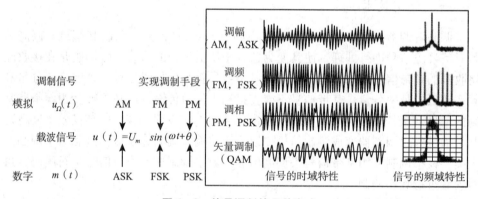

图 6-8 信号调制的几种方式

（二）数字调制方式

ASK：幅移键控（Amplitude Shift Keying），利用基带数字信号的离散取值特点去键控载波幅值大小的调制技术。以二进制调幅为例，载波在数字信号 1 或 0 的控制下通或断。在信号为"1"时载波接通，此时传输信道上有载波出现；在信号为"0"时，载波被关断，此时传输信道上无载波传送。

FSK：频移键控（Frequency Shift Keying），利用基带数字信号的离散取值特点去键控载波频率的调制技术。以二进制调频为例，信号为"1"时，调制后载波与未调载波频率相同（高频）；信号为"0"时调制后载波频率降低（低频）。

PSK：相移键控（Phase Shift Keying），利用基带数字信号的离散取值特点去键控载波相位的调制技术。以二进制调相为例，信号为"1"时，调制后载波与未调载波同相；信号为"0"时，调制后载波与未调载波反相。如图6-9所示。

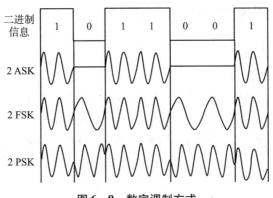

图6-9　数字调制方式

二、工作方式

无线通信有单工、半双工和双工三种工作方式。

（一）单工制

单工通信是指通信双方电台交替地进行收信和发信。根据收、发频率的异同，又可分为同频单工和异频单工。采用"按键"控制方式，通常双方接收机均处于守候状态。设备简单，功耗小，但操作不便，通话时易产生断断续续的现象。

一般应用于用户少的专用调度系统，常用于点到点通信。

（二）半双工制

半双工是指基站双工工作、移动台单工工作。信息双向传输，使用两个频率。设备简单，功耗小，克服了通话断断续续的现象，但操作仍不大方便。主要用于专用移动通信系统。

（三）双工制

双工通信是指通信双方可同时进行传输消息的工作方式，亦称全双工通信。

收发双方采用一对频率，同时工作。操作方便，但电能消耗大。模拟或数字式的蜂窝电话系统都采用双工制。双工制也分为同频双工和异频双工。异频双工采用的是 FDD 技术，同频双工采用的是 TDD 技术。

异频双工优点：

（1）收发频率分开，可大大减小干扰。

（2）不需严格同步，满足高速移动。

异频双工缺点：

（1）移动台之间通话需占用两个频道，频谱利用率低。

（2）设备较复杂，价格较贵。

三、多址技术

（一）多址技术概念

在移动通信系统中，有许多用户都要同时通过一个基站和其他用户进行通信。必须对不同用户台和基站发出的信号赋予不同特征，使基站能从众多用户台的信号中区分出是哪一个用户台发出来的信号，各用户台也能识别出基站发出的信号中哪个是发给自己的信号。解决这个问题的办法称为多址技术。

（二）多址方式

多址方式分为频分多址 FDMA（Frequency Division Multiple Access）、时分多址 TDMA（Time Division Multiple Access）和码分多址 CDMA（Code Division Multiple Access）。

实际应用中常用到三种基本多址方式的混合多址方式。

（三）多址技术应用的应用广泛

多址技术应用广泛，模拟式蜂窝移动通信网采用 FDMA，GSM 网采用 TDMA/FDMA 混合多址方式，CDMA 网采用 CDMA/FDMA 混合多址方式，TD－SCDMA 网采用 TDMA/CDMA 混合多址方式。

（四）多址技术比较

举例说明：在一间房子里，有很多人在互相交流。因为人很多，而谈话的内容又不同，必须采取一定的措施才能使得交流顺畅。怎么办？

方法1：将房子分隔成很多小房间，每一组话题相同的人分在一个小房间。如果将频率作为房间资源的话，那么这个方法相当于 FDMA。

方法2：每个人讲一句，轮流讲。按时间分配资源相当于 TDMA。

方法3：使用不同的语言，不同的语言等同于不同的码，相当于 CDMA。如图 6-10 所示。

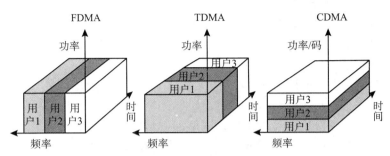

图 6-10 多址技术比较

第三节 CDMA 移动通信技术

一、CDMA 移动通信技术的原理

码分多址（CDMA）是一种多址技术，是相互正交的编码来区分不同的用户、基站、信道。

在码分多址通信系统中，利用自相关性很强而互相关值 0 或很小的周期性码序列作为地址码。与用户消息数据相乘（或模 2 加），经过相应信道传输后，在接收端以本地产生的已知地址码为参考。根据相关性的差异对收到的所有信号进行相关检测。从中选出地址码与本地地址码一致的信号，除掉不一致的信号。CDMA 的基本工作原理举例说明如下。

图 6-11 是 CDMA 收发系统示意图，图中 d1—dn 分别是 n 个用户的信息数据，其对应的地址码分别是 w1—w0。

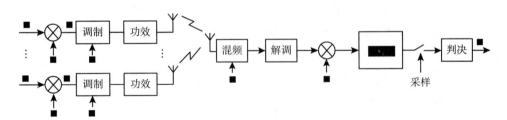

图 6-11 码分多址收发系统示意图

假定系统有 4 个用户（即 $n = 4$），各用户的地址码分别为：

$W_1 = \{1, 1, 1, 1\}$ $W_2 = \{1, -1, 1, -1\}$

$W_3 = \{1, 1, -1, -1\}$ $W_4 = \{1, -1, -1, 1\}$

在某一时间用户信息数据分别为：

$d_1 = \{1\}$ $d_2 = \{-1\}$

$d_3 = \{1\}$ $d_4 = \{-1\}$

在发射端，经过地址调制后输出信号为 S_1—S_4，波形如图 6 – 12 所示。S_1 – S_4 经调制、功放之后到达接收端天线。

当系统处于同步状态并忽略噪声影响时，接收机解调输出波形 R 是 S_1—S_4 的叠加，如果某一用户（例如用户 2，$n = 2$）需要接收自己的信息，则用本地地址码 Wn（$Wn = W_2$）与解调输出的信号 R 相乘。相当于用 W_2 解调所有用户的信息，解调结果如图 6 – 12 左的波形所示。解调后的信息送入积分电路，经采样判决电路得到相应的信息数据。

图 6 – 12（a）为各用户的地质码 Wn；图 6 – 12（b）为各用户待发送的信息数据 dn；图 6 – 12（c）为地址调制输出信号 Sn；图 6 – 12（d）为在 W_2 上积分采样后，各用户信息 W_2 上的输出。由图可知，经过判决后输出的信息 J_2 与 d_2 一致，即只有 W_2 用户对应的信息才能在 W_2 上正确输出，其余的用户的信息在 W_2 用户上的输出均为 0。即其余的用户的信息全部被过滤掉了。

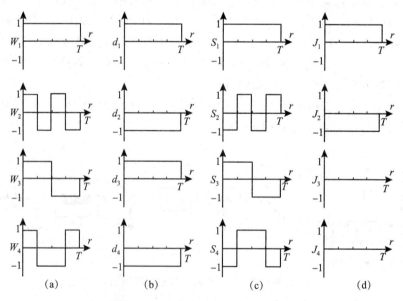

图 6 – 12 号分多址原理波形示意图

如果其他用户要接收信息，本地地址码应与其对应发端地址码一致，信号的处理与例中所述相同。

本节主要介绍了CDMA特点和基本工作原理、扩频道系统基本原理、地址码与扩频码的特性与应用、直接扩频序列码分多址系统的同步原理。

二、CDMA移动通信技术的特点

（1）CDMA系统的许多用户使用统一频率、占用相同带宽，各个用户可同时发送或接收信号。

CDMA系统中各用户发射的信号共同使用整个频带，发射时间是任意的，所以，各用户的发射信号在时间上、频率上都可能互相重叠，信号的区分只是所用地址码不同。因此，采用传统的滤波器或选通门是不能分离信号的。对某用户发送的信号，只有与其相匹配的接收机通过相关检测才能正确接收。

（2）CDMA通信容量大。

CDMA系统的容量的大小主要取决于使用的编码的数量和系统中干扰的大小，采用语音激活技术也可增大系统容量。CDMA系统的容量约是TDMA系统的4～6倍，是FDMA系统的20倍左右。

（3）CDMA具有软容量特性。

CDMA是干扰受限系统，任何干扰的减少都直接转化为系统容量的提高。CDMA系统具有软容量特性，多增加一个用户仅使通信质量略有下降，不会出现阻塞现象。而TDMA中同时可接入的用户数是固定的，无法再多接入任何一个用户。也就是说，CDMA系统容量与用户数间存在一种"软"关系，在业务高峰期，系统可一定程度上降低系统的误码性能，以适当增多可用信道数；当某小区的用户数增加到一定程度时，可适当降低该小区的导频信号的强度，使小区边缘用户切换到周边业务量较小的区域。

（4）CDMA系统可采用"软切换"技术。

CDMA系统的软容量特性可支持过载切换的用户，直到切换成功。当然，在切换过程中其他用户的通信质量可能受些影响。软切换指用户在越区切换时不先中断与原基站间的通信，而是在与目标基站取得可靠通信后，再中断与原基站的联系。在CDMA系统中切换时只需要改变码型，不用改变频率与时间，其管理与控制相对比较简单。

（5）CDMA系统中上下行链路均可采用功率控制技术。

（6）具有良好的抗干扰、抗衰落性能和保密性能。

由于信号被扩展在一较宽的频谱上，频谱宽度比信号的相关带宽大，则固有的频率分集具有减少多径衰落的作用。同时，由于地址码的正交性和发送端将频谱进行了扩展，在接收端进行逆处理时可很好地抑制干扰信号。非法用户在未知某用户地址码的情况下，不能解调接收该用户的信息，信息的保密性较好。

三、IS – 95 CDMA 通信系统原理

（一）扩频通信系统

扩频通信系统的扩频部分就是用一个带宽比信息带宽宽得多的伪随机码（PN 码）对信息数据进行调制，解扩则是将接收到的扩展频谱信号与一个和发端PN 完全相同的本地码相关检测来实现，当收到的信号与本地 PN 相匹配时，所要的信号就会恢复到其扩展前的原始带宽，而不匹配的输入信号则被扩展到本地码的带宽或更宽的频带上。解扩后的信号经过一个窄带滤波器后，保留有用信号，抑制干扰信号，从而改善了信噪比，提高了抗干扰能力。扩频通信系统的基本原理框图如图 6 – 13 所示。

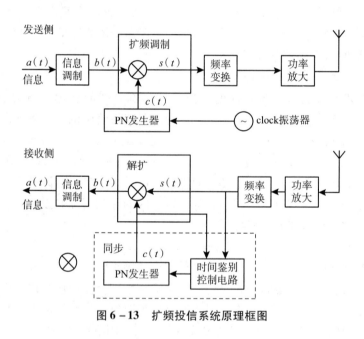

图 6 – 13　扩频投信系统原理框图

信息数据经过信息调制器后，输出的窄带信号，如图 6 – 14（a）所示，经过扩频调制后，频谱展宽如图 6 – 14（b）所示。其中 $R_c > > R_1$；在接收机的输入信号中加有干扰信号，如图 6 – 14（c）所示；再经过窄带滤波，有用信号带外的干扰信号被滤除，如图 6 – 14（e）所示，从而降低了干扰信号的强度，改善了信噪比。

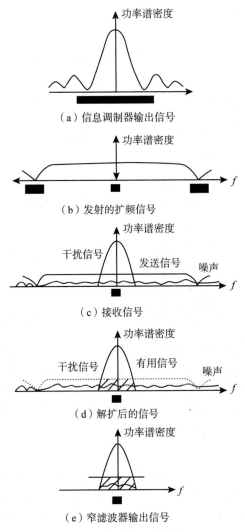

图 6－14　扩频通信系统频谱变换图

（二）扩频通信系统的特点

扩频通信具有如下 5 个特点：①抗干扰能量强。②保密性好。③可以实现码分多址，提高频率利用。④抗多径干扰，提高接收信噪比。⑤能精确定时和测距，可以应用到导航、雷达、定时等系统中。

（三）扩频通信的种类

扩频通信可以分为：①直接序列（DS）系统。②跳频（FH）系统。③脉冲线性调频（Chirp）系统。④跳时（TH）系统。⑤混合系统，即前面几种系统的组合。

直接序列扩频（Direct Sequence Spread Spectrum，DSSS）通信系统是以直接扩频方式构成的扩展频谱通信系统，简称直扩（DS）系统，又称伪噪声（Pseudo - Noise，PN）扩频系统。

码分多址通信系统是自干扰系统。为了把干扰降到最低限度，码分多址必须与扩频技术相结合。码分多址与直接序列扩频技术相结合的构成码分多址直接扩频通信系统。

（四）IS – 95 CDMA 通信原理

IS – 95CDMA 属于第二代数字移动通信系统。中国联通开通的 CDMA 系统使用的就是该标准。

直接序列扩频通信中，在发送端，待传语音投入模/数（A/D）转换，将模拟语音转变成 9.6Kb/s 的二进制数据信息，通过 1.2288Mb/s 高速率的 PN 扩频调制，使信道中传输信号的带宽远远大于原始信号本身的带宽。在接收端，接收机不仅接收到有用信号，同时还接收到各种干扰和噪声。利用本地产生的伪随机序列进行相关解扩，本地伪码与扩频信号中伪码一致，因此，可还原出原始窄带信号，顺利通过窄带滤波器，恢复语音数据。再通过数/模（D/A）转换，恢复为原始语音。接收机接收到的干扰和噪声，由于与本地的伪随机序列不相关，经过接收解扩，将干扰和噪声频谱大大扩展，功率谱密度大大下降（类似于发送端将信号频谱扩展），落入窄带滤波器的干扰和噪声功率大大下降。因此，在窄带滤波器输入端的信噪比（或信干比）得到了极大改善。其改善程度就是扩频的处理增益。

码分多址通信系统主要由调制、扩频、解扩、解调等构成。为了保证相关检测，接收端除了实现载波同步外，还必须保证地址码的同步。码分多址通信系统中是以地址码区分用户的，因此，码型正交性要好，码的数量要多，以容纳更多用户。

在不同条件下，合理选择地址码是十分重要的，不能强求理性化。因为对于任何一种多址方式，严格而言，信号之间都不可能完全正交。在频分多址系统中，因时间有限，信号的频谱分量无限宽，因此导致不同用户的信号在频率上产生部分重叠；对于时分多址系统，因频带有限（如 200kHz），信号在时域上也有重叠部分。在码多分址系统中，对于任何一种序列，其完全满足绝对正交的地质码数目是很少的，因而在实际系统中仅要求地址码准正交。

四、CDMA 中的关键技术

CDMA 在蜂窝移动通信系统中的应用，必须针对移动通信特点，解决相关的技术问题。

首先，移动性要求进行自动功率控制。CDMA 系统是一个自干扰系统，它的通信质量和容量主要受限于收到干扰功率的大小。若基站接收到移动台的信号功率太低，则比特率太大而无法保证高质量通信；反之，若基站收到某一移动台功率太高，虽然保证了该移动台与基站间的通信质量，却对其他移动台增加了干扰，导致整个系统的通信质量恶化、容量减小。只有当每个移动台的发射功率控制到基站所需信噪比的最小值时，通信系统的容量才达到最大值。

其次，要解决移动信道中衰落问题，需采用分集接收技术。

还有，为了提高频带利用率，需要采用正交扩频调制以及低速语音编码、越区切换等技术。

五、3G CDMA

图 6 - 15 显示了一种可能的 IS - 95 CDMA 向 CDMA 网络演进的形态，建立在已有 IS - 41 核心网及 IOS4.0 接口标准上，整个系统由移动终端（MT）、基站收发信集（BTS）、基站控制器（BSC）、移动交换机（MSC）、分组控制功能（PCF）模块及分组数据服务节点（PDSN）等组成。

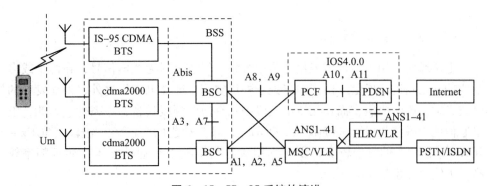

图 6 - 15　IS - 95 系统的演进

由图 6 - 15 可见，与 IS - 95CDMA 相比，核心网中的 PCF、PDSN 是两个新增模块，通过支持移动 IP 的 A10/A11 接口互连，可支持分组数据业务传输。而以 MSC/VLR 为核心的网络部分，支持语音和增强的电路交换型数据业务，与 IS – 95CDMA 一样，MSC/VLR 与 HLR/AUC 间的接口基于 ANSI – 41 协议。

在图 6 – 15 中，BSC 可对几个 BTS 进行控制；Abis 接口用于 BTS 和 BSC 间连接；A1 接口用于传输 MSC 与 BSC 间的信令信息；A2/A5 接口用于传输 MSC 与 BSC 间的语音信息；A3/A7 接口用于传输 BSC 间的信令或数据业务，以支持越区软切换。以上接口与 IS –95CDMA 中的需求相同。

Cama20001X 中新增接口为：A8 接口用于传输 BSC 和 PCF 间的分组业务；A9 用于传输 BSC 与 PCF 间信令，当 PCF 模块置于 BSC 内部时，A8/A9 接口为 BSC 内部接口。A10 接口用于传输 PCF 与 PDSN 间分组业务；A11 用于传输控制信息传送，当 PCF 模块置于 BSC 内容时，A10 – A11 为支持 BSC 至 PDSN 间分组业务传输的外部接口，是无线接入网和分组核心网间的开放接口。

在容量允许条件下，IS – 95 基站分系统能直接接入 CDMA2000 系统，其原因是连接两者的接口 A1/A2 与原 A 接口基本相同；而现有网络中没有分组业务支持部分 PCF 和 PDSN，而不存在类似于 GPRS 的演进问题。另一个关键问题是现有的 IS –95 基站分系统能否通过升级成 CDMA2000 1X 系统，取决于原由 IS – 95 基站分系统所采用的平台，若原 IS –95 基站分系统采用的平台为 ATM 形式，则可能直接升级。

第四节　卫星通信技术

一、卫生通信的概念

卫星通信利用人造地球卫星作为中继站专发或反射无线电信号，在两个或多个地球站之间进行通信。由于卫星处于外层空间，即在电离层之外，外面发射的电波必须穿透电离层，而在无线电频段中只有微波频段具备这一条件。因此，卫星通信使用微波频段（300MHz～300GHz），最为理想的频段为 C 波段（6GHz – 4GHz），该频段的频带较宽，便于利用成熟的微波中继通信技术，而且频率较高，天线尺寸也较小。

20 世纪 60 年代以来，卫星通信通讯发展，在军事和民用领域得到了十分广泛的应用。70～80 年代达到了鼎盛时期。80 年代末、90 年代以后，由于光纤通信和地面蜂窝移动通信的崛起，传统的国际、国内长途通信和陆地移动通信业务已不再属于卫星通信的主要领地。在接下来的相互竞争、相为补充的发展中，卫星通信扬长避短，重新找到了自己的位置。近几年来，卫星通信在美、欧、日等发达国家实现产业化和国际化，年收入达900多亿美元，年均增长率高达13%左右。毫无疑问，在军事应用中，卫星通信仍然是其主要的通信手段，是其他通信手段所不能取代的。在经济、政治和文化领域中，卫星通信不仅能有效地补充其他通信手段的不足或不能（如还是远程航空的通信等），而且作为大众传媒（如视频和音频广播），"最后一公里到户"的接入，防灾、救灾、处理突发事件的应急通信等，均大有作为。此外，近年来深空探测和载人航天活动的频繁活动，极大促进了卫星通信的发展。

二、通信卫星的分类

通信卫星的种类繁多，按不同的标准有不同的分类。

（1）按卫星的结构可分为：无源卫星和有源卫星。

利用无源卫星反射无线电信号构成的卫星通信方式，在目前的卫星通信中已被淘汰。现在几乎所有的通信卫星都是有源卫星，一般采用太阳能电池和化学能电池作为能源。

（2）按卫星与地球上任一点的相对位置的不同可分为：同步卫星和非同步卫星。

同步卫星是指在赤道上空约35 800km高的圆形轨道上与地球自转同向运动的卫星。由于其运行方向和周期与地球自转方向和周期均相同。因此，从地球任一点看上去卫星都是"静止"不动的。这种相对静止的卫星称为同步（静止）卫星，其运行轨道称为同步轨道。三颗同步卫星构成了全球卫星通信系统，如图6-16所示。每两颗相邻卫星都有一定的重叠覆盖区，但南、北两极地区则为盲区。目前，正在使用的国际通信卫星系统就是按这个原理建立的。同步卫星通信系统使用最为广泛，但对空间站和地球站设备的技术性能要求非常高，而且存在星蚀和日凌中断现象。

非同步卫星的运行周期不等于（通常小于）地球的自转周期、其轨道倾角、轨道高度、轨道形状可因需要而不同。从地球上看，非同步卫星以一定的速度运动，故又称为移动卫星或运动卫星。非同步卫星的优缺点基本与同步卫星相反，由于其抗毁性较高，因而也有一定的应用。

（3）按传输信号的不同可分为：模拟卫星通信和数字卫星通信。模拟卫星通信是当前卫星通信的主要方式，而数字卫星通信则是通信的发展方向。

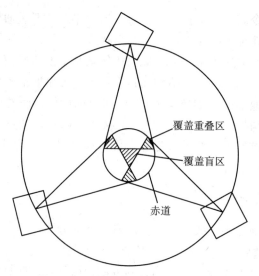

图6-16 全球卫星通信系统示意图

三、卫星通信系统的组成

卫星通信系统由空间分系统、通信地球站、跟踪遥测及指令分系统和监控管理分系统这四大部分组成。如图6-17所示。

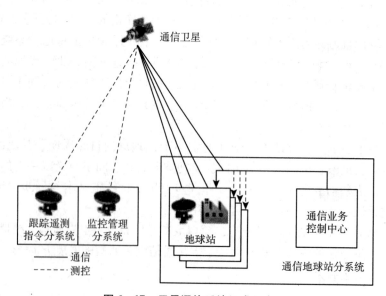

图6-17 卫星通信系统组成示意图

跟踪遥测及指令分系统对卫星进行跟踪测量，控制卫星准确进入静止轨道的指定位置，并对在轨卫星的轨道、位置及姿态进行监控和校正。监控管理分系统对在轨卫星业务开通前后进行通信性能及参数检测与控制，例如对卫星通信系统的功率、卫星天线增益、各个地球站发射的功率、射频频率和带宽等基本参数进行监控，以便保证通信卫星的正常运行和工作。空间分系统主要由天线分系统、通信分系统、遥测与指令分系统、控制分系统和电源分系统组成。地面跟踪遥测及指令分系统、监控管理分系统与空间相应的遥测及指令分系统、控制分系统并不直接用于通信，而主要保障通信的正常进行。

四、卫星通信的特点

卫星通信与其他通信方式相比具有明显特点，其主要优缺点如下：

（一）卫星通信的优点

（1）卫星通信覆盖区域大，通信距离远。因为卫星距离地面很远，一颗地球同步卫星便可覆盖地球表面的1/3。因此，利用 3 颗适当分布的地球同步卫星即可实现除两极以外的全球通信。卫星通信是目前远距离越洋电话和电视广播的主要手段。

（2）卫星通信具有多址联接功能。卫星所覆盖区域内的地球站都能利用同一卫星进行相互间的通信，即多址联接。

（3）卫星通信频段宽，容量大。卫星通信采用微波频段，每个卫星上可设置多个转发器，故通信容量很大。

（4）卫星通信机灵活。地球站的建立不受地理条件的限制，可建在边远地区、岛屿、汽车、飞机和舰艇上。

（5）卫星通信质量好，可靠性高。卫星通信的电波主要在自由空间传播、噪声小，通信质量好，就可靠性而言，卫星通信的正常运转率达99.8%以上。

（6）卫星通信的成本与距离无关。地面微波中继系统或电缆载波系统的建设投资和维护费用都随距离的增加而增加，而卫星通信的地球站至卫星转发器之间并不需要线路投资，因此，其成本与距离无关。

（二）卫星通信的不足之处

（1）传输时延大。在地球同步卫星通信系统中，通信站到同步卫星的距离最大可达 40 000 千米，电磁波以光速（3×10^8 米/秒）传输，这样，路经地球站→卫星→地球站（称为一个单跳）的传播时间约需 0.27 秒。如果利用卫星通信打电话的话，由于两个站的用户都要经过卫星。因此，打电话者要听到对方的回答必须额外等待 0.54 秒。

（2）回声效应。在卫星通信中，由于电波来回转播需要 0.54 秒，因此产生了讲话之后的"回声效应"。为了消除这一干扰，卫星电话通信系统中增加的一些设备，专门用于消除或抑制回声干扰。

（3）存在通信盲区。把地球同步卫星作为通信卫星时，由于地球两极附近地区"看不见"卫星，因此不能利用地球同步卫星实现对地球两极的通信。

（4）存在日凌中断、星蚀和雨衰现象。

五、宽带多媒体卫星通信

宽带卫星通信是指利用通信卫星作为中继站在地面站之间转发高速率通信业务，是宽带业务需求与现代卫星技术相结合的产物，也是当前卫星通信的主要发展方向之一。

作为宽带卫星通信系统中继节点的宽带通信卫星（也称多媒体卫星）一般具有较宽的带宽、很高的 EIRP（等效全向辐射功率）和 G/T（品质因数）值，并且通常具备星上处理和交换能力。利用宽带通信卫星可以向 USAT（极小口径终端）提供双向高速因特网接入和多媒体业务。

由于卫星的带宽的容量远小于光纤线路，后者的通信通常以吉比特每秒来计，而对于卫星通信来说，信道速率达到几十兆比特秒以上一般就可称为宽带通信。

泰国的 Shin 卫星公司（SSA）在 2005 年正式发射了一颗宽带通信卫星（IP-STAR – 1）来提供区域性宽带卫星通信业务。表 6 – 1 给出了该卫星及系统的主要技术特性。该系统是一个区域性宽带卫星系统，能够解决亚太地区用户通过卫星以实现宽带接入的问题。

表 6 – 1 　　　泰国宽带通信卫星（IPSTAR – 1）的主要技术特性

发射日期	2005 年 8 月 11 日
卫星制造商	劳拉空间公司
卫星平台	FS – 1300L
卫星设计寿命	12 年
卫星功率	15kW
转发器数	114
全部数字带宽容量	对于口径为 84～120 厘米的用户天线所有点波束的总容量为 45Gb/s；相当于 1 000 个以上的常规 36MHz 转发器
Ku 波束	84 个点波束，3 个赋形波束，7 个区域广播波束

续表

Ku 点波束	用于人口稠密地区上行链路（反向链路）容量大于 20Gb/s；下行链路（前向链路）容量大于 20GB/s（不包括广播容量）
Ku 赋形波束	用于人口稀少地区，上行链路容量大于 0.5Gb/s，下行链路容量大于 0.5Gb/s
Ka 波束	18 个到地面关口站的馈电波束
用户上行链路频率	14.000～14.375GHz（点波束） 14.375～14.500GHz（赋形波束/点波束） 13.775～13.975GHz（广播波束）
用户下行	11.500～11.700GHz（广播波束） 12.200～12.750GHz（点波束） 10.950～11.200GH（赋形波束/点波束）
用户速率	上行最高 2Mb/s；下行最高 4Mb/s
网络协议	UDP/TCP/IP 含有 TCP 增强

宽带卫星通信系统的典型应用包括：娱乐（如视频点播、电视分发、交互式游戏、音乐应用、流媒体等）、因特网接入（如高速因特网接入、多媒体应用、远程教学、远程医疗等）、商业（如视频会议、企业对企业的电子商务等）、话音和数据中继（如 IP 话音、文件传输等）。

卫星通信的大范围覆盖、以广播和组播模式工作的特性，使得它能够提供高速因特网和多媒体远距离传输。但要发挥这些优势除了采用大型星载可展开式天线和多波束相控阵天线、增大卫星功率和带宽、使用更高效的星上电源系统、采用更先进的高效调制和编码技术等常规措施外，还有下列技术问题需要解决：

（1）宽带卫星通信系统中空中接口的标准化。

（2）星上处理及交换技术。

（3）卫星 IPoS 技术。

（4）服务质量（QoS）。

（5）降雨损耗。

六、移动和个人卫星通信

卫星移动通信是指利用通信卫星作中继站，实现移动用户之间或移动用户与固定用户之间相互通信的一种通信方式。它是传统的卫星固定通信与地面移动通信交叉结合的产物。从表现形式来看，它既是一个提供移动业务的卫星通信系统，又是一个采用卫星作中继站的移动通信系统，所利用的卫星既可以是对地静止轨道（GSO）卫星，也可以是非静止轨道（NGSO）卫星，如中等高度地球轨道（MEO）、低高度地球轨道（LEO）和高椭圆轨道（HEO）卫星等。

虽然世界上地面通信网络已趋于完善，但受地理条件和经济因素的限制，地面蜂窝系统不可能达到全球无缝覆盖。在中国，偏远地区地面网络的广泛覆盖仍然遥遥无期；沿海岛屿众多的地方，建设地面网络非常困难；发达地区的某些偏远地方，同样没有地面蜂窝网的覆盖；野外勘探、飞机、远洋运输船只、远离城市的旅游探险者以及紧急搜索救援人员等，都需要一种不受地域天气限制的移动通信手段；西部地区疆域广阔但多为荒漠和戈壁，人烟稀少，卫星移动通信将显示出独具的优势；尤其是发生重大毁灭性自然灾害的地区，地面网络多数会遭到破坏，而卫星移动通信可能是唯一幸存的通信手段。所以卫星移动通信是一种大有可为的通信方式，具有广阔的应用前景。

国际上，目前可使用的卫星移动系统主要包括：对地静止轨道（GSO）卫星移动通信系统和非静止轨道（NGSO）卫星移动通信系统。

（一）对地静止轨道（GSO）卫星移动通信系统

全球覆盖的卫星移动通信系统有国际海事卫星（Inmarsat）系统。区域覆盖的卫星移动通信系统有北美移动卫星（MSAT）系统、亚洲蜂窝卫星 ACeS 系统和瑟拉亚卫星（Thuraya）系统等。国内覆盖的卫星移动通信系统有日本卫星（N-STAR）系统和澳大利亚卫星（Oputs）系统等。其中波束覆盖中国的系统有 Inmarsat 和 AceS。

国际海事卫星（Inmarsat）系统是由国际海事组织经营的全球卫星移动通信系统。自 1982 年开始经营以来，全球使用该系统国家已超过 160 个，用户从初期的 900 多个海上用户，已发展到今天包括陆地和航空在内的 29 万多个用户。为了满足不断增长业务的需要，已开始发射第四代海事卫星。第四代卫星为 3 个全球波束、19 个宽波束和 228 个点波束。提供用户终端的卫星等效全向辐射功率强度为 67dBW（点波束），其 IP 业务最高速率可达 432Kb/s，可应用于互联网、移动多媒体、电视会议等多种业务。

（二）非静止轨道（NGSO）卫星移动通信系统

目前已组网运营的系统只有 3 个：铱星（Iridium）、全球星（Globalstar）和轨道通信（Orbcomm）系统。铱系统是由美国 Motorola 公司提出的世界上第一个低轨道全球卫星移动通信系统。其基本目标是向携带有手持式移动电话的铱用户提供全球个人通信能力。铱系统由 66 颗低轨道卫星组成，轨道一高度 780 千米。在 1997 年 5 月到 2002 年 6 月期间共发射 95 颗卫星，其中 11 颗失效，4 颗陨落，66 颗工作，14 颗在轨备份，能够连续工作到 2014 年而无需发送额外的卫星。

铱卫星采用星上处理和交换技术、多波束天线、星际链路等新技术，提供话音、数据、传真和寻呼等业务，用户终端有单模手机、双模手机和寻呼机。

耗资 59 亿美元开发的铱系统于 1998 年 11 月开始商业运营，1999 年 8 月 13 日申请破产保护。2000 年 12 月新铱星公司成立，用 2 100 万美元购买了投资近 50 亿美元的铱星公司。2001 年 3 月重新开始提供全球通信服务。目前有超过 12 万用户，并且以每月新增 2 000 ~ 3 000 个用户的速度增长，在 2003 年上半年实现收支平衡。

与卫星固定通信相比，卫星移动通信具有如下技术特点：

（1）卫星功率有限与移动站低天线信增益之间的矛盾十分突出。

（2）电波传播情况复杂，系统是在非高斯信道中工作的，由于移动站采用弱方向性的低增益天线并在移动状态中进行通信，多径效应和多普勒频移是不可避免的。

（3）众多的用户共享有限的卫星（频率与功率）资源。

（4）移动台要求高度的机动性，故小型化及支持用户漫游是基本要求。

为此，需要解决如下的一些关键技术如：卫星须向覆盖区提供高的有效全向辐射功率、采用必要的抗衰落技术（如分集技术）、网络的运行管理与控制、星地一体化的优化设计等，还需着重解决行星载多波束天线技术；星上处理和交换技术；移动性管理技术；终端小型化。

至今我国尚无自建的民用卫星移动通信系统。

习　题

1. 什么是卫星通信？卫星通信有哪些类型？
2. 通信卫星有哪些类型？
3. 卫星通信系统有哪些类型？
4. 卫星通信有哪些特点，为什么有这些特点？

第七章 物联网支撑技术

本章重点
- 云计算技术
- 中间件
- 物联网网络安全

通过本章的学习，应该掌握物联网的支撑技术。在物联网的技术体系结构中，支撑技术包括：云计算、中间件和物联网网络安全。应该掌握支撑技术的基本概念和定义，理解支撑技术的工作原理。

第一节 云计算技术

物联网可以看作互联网通过传感网络向物理世界的延伸，其最终目标是实现对物理世界的智能化管理。根据物联网结构可知：

（1）物理世界感知是物联网的基础，其基于传感技术和网络通信技术，实现对物理世界的探测、识别、定位、跟踪和监控。

（2）大量独立建设的单一物联网应用是物联网建设的起点与基本元素，该类应用往往局限于对单一物品的感性和智能管理，每个物联网应用被作为物联网上的一个逻辑节点。

（3）通过对众多单一物联网应用的深度互联和跨越协作，物联网可以形成一个多层嵌套的"网中网"，这是实现物联网智能化管理目标和价值追求的关键所在。

物联网可以看成是一个基于 Internet 的，以提高物理世界的运行、管理和资源使用效率水平为目标的大规模信息系统。由于物联网"感知层"在对物理世界感应方面具有高度并发的特性，并将产生大量引发"应用层"深度互联和跨越协作需求的事件，从而使得上述大规模信息系统表现出以下性质：

（1）不可预见性。对物理世界的感知具有实时性，将会产生大量不可预见的事件，从而需要应对大量即时协同的需求。

（2）涌现智能。对诸多单一物联网应用的继承能够提升对物理世界综合管理的水平，物联网应用是产生放大效应的源泉。

（3）多维度动态变化。对物理世界的感知往往具有多个维度，并且是不断动态变化的，从而要求物联网"应用层"具有更高的适应能力。

（4）大数据量、时效性。物联网中涉及的传感信息具有大数据量、时效性等特征，对物联网后端的信息处理带来诸多新的挑战。

综上所述，实时效应、高度并发、自主协同和涌现效应等特征要求从新的角度审视物联网的信息基础设施，对当前互联网计算与包括云计算、服务计算、网格计算的研究提出了新的挑战，需要有针对性地研究物联网特定使用应用问题、体系结构及标准规范。特别是大量高并发事件驱动的应用自动关联和智能协作问题。

中国的云计算平台研究早在"云计算"这个名词出现之前就已经有了透明计算的构思。它体现了云计算的特征，即资源池动态的构建、虚拟化、用户透明等。清华大学张尧学教授1998年就从事透明计算平台和理论的研究。2004年正式提出透明计算平台。中国移动研究院的"大云计划"已于2010年5月底正式发布。它采用了HyperDFS、Mapreduce、HugeTable、CloudMaster等多种云计算平台的关键技术，在硬件计算方面初具规模——265个PC服务器节点，1 000多个CPU以及256TB硬盘空间已经被搭建。

一、云计算技术的基础

（一）云计算技术的概念

云计算（Cloud Computing）是分布式处理（Distributed Computing）、并行处理（Parallel Computing）和网格计算（Grid Computing）的发展，或者说是这些计算科学概念的商业实现。

云计算是一种新型的计算模式：把IT资源、数据、应用作为服务互联网提供给用户。云计算也是一种基于基础架构管理的方法论，大量的技术资源组成IT资源池，用于动态创建高度虚拟化的资源。

狭义的云计算是指厂商通过分布式计算和虚拟化计算技术搭建数据中心或超级计算机，以免费或按需租用方式向技术开发者或企业客观提供数据存储、分析以及科学计算等服务，比如亚马逊数据仓库出租业务。

广义的云计算指厂商通过建立网络服务器集群，向各种不同类型客户提供在线软件服务、硬件租借、数据存储和计算分析等不同类型的服务。广义的云计算包括了更多厂商和服务类型，例如国内用友、金蝶等管理软件厂商推出的在线财务软件，谷歌发布的 Google 应用程序套装等。

通俗理解是，云计算的"云"就是存在于互联网上的服务器集群上的资源。它包括硬件资源（服务器、存储器、CPU 等）和软件资源（如应用软件、集成开发环境等），本地计算机只需要通过互联网发送一个需求信息，远端就会有成千上万的计算机为你提供需要的资源并将结果返回到本地计算机。这样，本地计算机几乎不需要做什么，所有的处理都在云计算提供商所提供的计算机群里完成。

（二）云计算技术的原理

云计算的基本原理是通过使计算分布在大量分布式计算机上，而非本地计算机或远程服务器中，企业数据中心的运行将与互联网相似。这使得企业能够将资源切换到需要的应用上，根据需求访问计算机和存储系统。

云计算中心的要点之一是，以大规模数据中心为代表的物理门户成为今天 IT 和业务基础架构的主干。在数据中心，应用和服务中间的紧耦合被打破。云计算平台通过从物理服务器上创建和管理虚拟运行环境。实现了由相同规模的物理数据中心支持更多的应用和用户。好比一个大的建筑被分成许多房间，可以根据用户需要定制每个房间，通过可移动的墙来实现调节。数据中心可以为用户配备特定的服务，并实现按需付费的模式。

通过这种方式，云计算将会改变我们的生活，因为我们对新服务的需求不再需要经过漫长的等待，而是即刻就可实现和应用。快捷和即时可用的环境使我们的想法很快就得以实现，从而实现更大的创新。这将是对传统开发环境的一个突破。

云计算按照运营模式可以分为以下三种。

公共云：以 Google、Amazon 为代表，通过自己的基础架构直接向用户提供服务。用户通过互联网访问服务，并不拥有云计算资源。

私有云：企业自己搭建云计算基础架构，面向内部用户或外部客户提供云计算服务。企业拥有基础架构的自主权，并且可以基于自己的需求改进服务，进行自主创新。

混合云：既有自己的云计算基础架构，又使用外部公共云提供的服务。

在云计算模式下，计算工作由位于互联网中的技术资源来完成，用户只需要连入互联网，借助轻量级客户端（如手机、浏览器），就可以完成各种计算服务，包括程序开发、科学计算、软件使用乃至应用的托管。提供这些计算能力的资源对用户是不可见的，用户无须关心如何部署或维护这些资源。

二、云计算技术的架构

随着云计算技术的不断发展与成熟，科研人员和研究机构在云模型的设计与实现上做了大量的研究工作，满足不同应用需求的云计算模型不断涌现，并且有一些已经实现和投入使用。本节后续内容介绍云计算标准模型以及两种根据不同需求设计的云模型。

（一）云计算标准模型

由于目前不同的云计算常常提供不同的解决方案，还没有一个统一的技术体系结构，对很多企业和科研人员理解云计算造成了障碍。清华大学博士刘鹏教授提供了一个云计算标准模型，它概括了不同的解决方案的主要特征。云计算标准模型体系结构如图 7 - 1 所示。

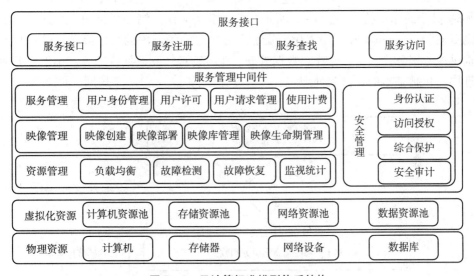

图 7 - 1 云计算标准模型体系结构

云计算标准模型的体系结构分为 4 层：物理资源层、资源池层、管理中间件层和面向服务架构（Service - Oriented Architecture，SOA）的构建层。物理资源层包括计算机、网络设施、存储器、数据库和软件等。资源池层是由大量相同类型的资源组成同构或接近同构的资源池，例如数据资源池和计算资源池等。管理中间件则负责对云计算的资源进行管理；并且对大量应用任务进行调度，使得资源能够高效、安全地为应用提供服务；面向服务架构的构建层将云计算能力封装成标准的 Web 服务，并且纳入到面向服务的架构体系进行使用和管理。包括服务注册、访问、查找和构建服务工作流等。管理中间件和资源池层是云计算技术的最关键部分，面向服务架构的构建层的功能则更多地依靠外部设施来提供。

云计算的管理中间件负责资源管理、用户管理、任务管理和安全管理等工作。资源管理是让应用均衡地使用云资源节点，检测节点的故障并试图将其屏蔽或恢复；用户管理是实现云计算商业模式的一个必要的环节，包括提供与用户交互接口、识别用户身份、创建用户程序的执行环境、对用户的使用进行计费等方面；任务管理则负责执行用户或者应用提交的任务，包括完成用户任务映像（Image）的部署和管理、任务调度、任务执行和任务生命期管理等工作；安全管理是保障云计算设施的整体安全性，包括访问授权、身份认证、综合防护和安全审计等。

（二）CARMEN：e – Science 云计算

CARMEN 云模型主要为神经学家提供共享、整合和分析数据的平台。CARMEN 模型的体系结构如图 7 – 2 所示，总共分为 4 层。第一层是用户，通过 Web 浏览器和富客户端访问 CARMEN 系统。第二层是领域内的特定服务。第三层是提供核心服务，包括工作流、数据管理、服务管理、元数据管理等。第四层是物理层，包括基本的存储和处理。

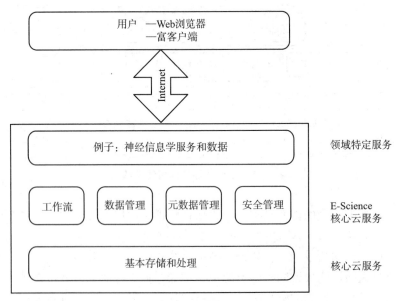

图 7 – 2　CARMEN 体系结构

　　CARMEN 的核心部分主要集中在第三层和第四层，第三层为用户提供核心服务，包括收集数据、分析数据和处理数据。第四层则是物理层，通过提供强大的计算能力和存储能力，为 CARMEN 的核心服务提供基础设施。

　　CARMEN 是为用户存储、共享和分析数据的平体，所以用户的数据不是存储在自己的计算机中，而是存储在 CARMEN 上，CARMEN 为用户提供基于文件的数据和结构化数据两种数据的存储服务。元数据对于 CARMEN 是非常关键的，如果没有它，那么将会很难明白储存数据的真正意义。因此，用户上传数据时，必须按照一定的规范说明数据的内容以及条件等，还要将数据与元数据建立映射，以便能很快地通过元数据找到数据。上传完数据后，最主要的目的是分析数据。用户上传分析程序，他们会打包存储在 CARMEN 平台上，用户可以不间断地分析上传的数据或者平台中已有的数据。CARMEN 平台提供了工作流引擎，允许用户按照工作流处理他们的数据，这使得用户具有强大的处理复杂数据的能力。很多科学家、神经学家对于他们的数据是不完全公开的，所以安全管理是必须的，CARMEN 使用户有能力控制自己数据的访问权限，保证了他们数据安全。

　　物理层则是通过分布式文件系统将大量计算机连接起来提供因强大的计算能力和存储能力。再通过虚拟化技术动态的把计算能力分配给用户，供用户分析、处理数据。

（三）Eucalyptus（开源 EC2）

　　Eucalyptus（Elastic Utility Computing Architecture for Linking Your Programs to Useful Systems）是一种开源的软件基础结构，用来通过计算集群或者工作站集群实现弹性的、实用的云计算。它最初是美国加利福尼亚大学 Santa Barbara 计算机科学学院的一个研究项目。它是亚马逊 EC2（Elastic Compute Cloud）的一个开源实现。Eucalyptus 采用模块化的设计，它的组件可以进行替换和升级，为研究人员提供了一个进行云计算研究的很好的平台。

　　Eucalyptus 的设计主要考虑两个工程目标：可扩展性和非入侵性。Eucalyptus 具有简单的组织结构和模块化的设计，所以扩展起来很方便。Eucalyptus 的每个组件都由若干个 Web 服务组成，具有良好的 WSDL（Web Services Description Language）文档描述接口，同时它还依赖复合物行业标准的软件包，这些选择都是为了实现 Eucalyptus 的非入侵性。它的架构如图 7 - 3 所示。

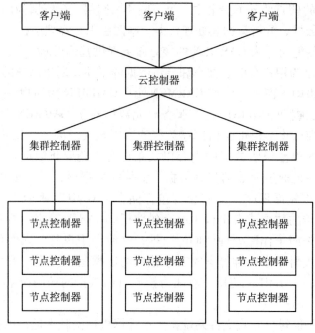

图 7 – 3   **Eucalyptus** 架构

三、云计算关键技术

从上述的模型中可以看出，云计算需要解决虚拟化、海量存储和并行计算的问题。

(一) 虚拟化技术

云计算中的最关键的技术是虚拟化技术。通过虚拟化来提高 IT 资源和应用程序的可用性和效率。消除旧的"一台服务器、一个应用程序"的模式，每台物理机上安装虚拟机。目前，在云计算中普遍使用的是三种虚拟机技术：VMware vSphere、KVM 和 Xen。

1. VMware vSphere

VMware 是虚拟化技术的龙头，它开发设计的 VMware vSphere 能够创建自我优化的 IT 基础架构。VMware vSphere 是一个虚拟数据中心的操作系统。它将离散的硬件资源统一起来创建共享的动态资源平台。同时也实现了应用程序内置可用性、可扩展性和安全性。vSphere 是以原生架构 ESX Server 为基础的，它可以让 ESX Server 能同时负担起更多的虚拟机。vSphere 不只是一个多台 ESX 的集群，它还加上了著名的 Virtual Center，还配合了主流数据软件来管理多台 ESX 及虚机。vSphere 最大的特色是多台 ESX 加入之后，可以完成虚拟机转移。比如，当一台在 ESX 01 上运行的 VM 01 运行到一半时，这台 ESX 01 突然宕机了，由于虚拟机都是硬盘文件，可能放在独立的 SAN 上，那么这台在 ESX 01 上的 VM 01 只是在内存的状态消失，但是在 SAN 上的虚拟机的文件还存在。此时 vSphere 可以将这台 ESX 01 的 VM 01 立即在没有宕机的 ESX 02 启动。

2. Xen

Xen 是一个开放源代码的 para-Virtualization 虚拟机（VMM），或者叫做"管理程序"，它是专门为了 x86 架构的机器而设计的。Xen 可以在一套物理硬件上安全执行多个虚拟机。Xen 是基于内核的虚拟程序，它和操作平台结合得非常密切，所以它占用的资源非常少。

基于 Xen 的操作系统，有多个层次，最高特权层和最底层都是属于 Xen 程序本身的，Xen 可以管理多个客户操作系统，每个操作系统都可以在一个非常安全的虚拟机中实现。在 Xen 的术语中，Domain 由 Xen 来控制，它可以非常高效的利用 CPU 物理资源。每个客户操作系统都可以管理它们自身的应用。这种管理包括：每个程序在规定时间内的响应都可以得到执行，是通过 Xen 调度到虚拟机中来实现的。当 Xen 启动运行后，第一个虚拟的操作系统就是 Xen 本身，可以通过 xm list，会发现也有一个 Domain 0 的虚拟机。这个 Domain 0 是其他虚拟主机的控制者和管理者。Domain 0 可以构建其他的很多 Domain，并管理虚拟设备，它还可以执行管理任务，如虚拟机迁移、虚拟机的休眠和唤醒。一个被称为 Xend 的服务器进程是通过 Domain 0 来管理系统，Xend 负责管理其他众多的虚拟主机，并提供进入这些系统的控制台。命令会通过一个 HTTP 的接口被传送到 Xen。Xen 的工作原理如图 7-4 所示。

KVM 与 Xen 的原理相似，而 Xen 是开源，可更方便地获得源代码，对 KVM 就不再赘述了。

（二）海量数据存储技术

云计算要解决的另一个技术问题是海量数据存储的问题，像 Google 每天要处理几百 TB 甚至是 PB 级的数据，一般的存储文件系统是不可能满足要求的。

1. Google 文件系统 GFS

Google 文件系统（Google File System，GFS）是一个大型的分布式文件系统。它为 Google 云计算提供了海量数据的存储。并且与 Chubby、MapReduce 和 Bigtable 等技术结合紧密，它处于所有核心技术的底层。

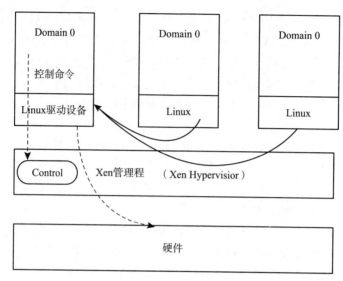

图7-4 Xen 的工作原理

当前主流的文件系统有 IBM 的 GPFS、RedHat 的 GFS、Sun 的 Lustre 等。这些文件系统通常都应用于大型的或者高性能的数据中心，都对硬件的要求比较高。比如像 Lustre，它只对元数据的管理提供容错解决方案，而对于具体的数据存储节点来说，则由它自身解决容错问题。GFS 的创新之处在于，用廉价的商用计算机来构建分布式文件系统，将容错任务交给文件系统来完成。利用软件的方法来解决系统的可靠性问题。这样使得系统的存储成本下降很多。

GFS 将整个系统的节点分为三类角色：Master（主服务器）、Client（客户端）和 Chunk Server（数据块服务器）。Master 是 GFS 的管理节点，在逻辑上只有一个。它负责整个文件系统的管理，保存整个系统的元数据，是 GFS 文件系统的大脑。Client 是 GFS 提供给应用程序的访问接口。它是一组专用的接口，以库文件的形式提供，不遵守 POSIX 规范。应用程序直接调用这些库函数就可以了。Chunk Server 则负责具体的存储工作，数据以文件的形式存储在 Chunk Server 上。Chunk Server 的个数可以有很多个，它的数目决定了 GFS 的规模。GFS 把文件按照固定的大小分块，默认是 64M，每个 Chunk 都有一个索引号（Index）。GFS 系统架构如图 7-5 所示。

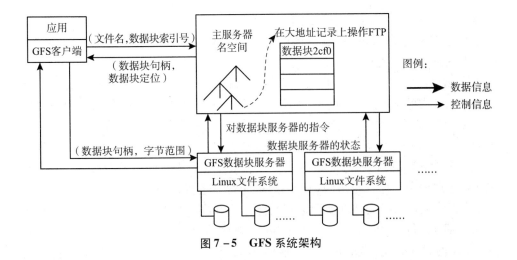

图 7 - 5 GFS 系统架构

　　客户端在访问 GFS 时，首先要访问 Master 节点，获取要将与之进行交互的 Chunk 节点的信息，然后直接访问这些 Chunk 节点来完成数据的存取。GFS 的这种方法实现了数据流和控制流分离。Master 与 Client 之间只有控制流，而没有数据流。这样就极大地降低了 Master 节点的负载，使其不会成为系统性能的瓶颈。而 Chunk Server 和 Client 之间传输的是数据流，同时由于文件分成多个数据块进行分布式存储，因此 Client 可以同时访问多个 Chunk Server，所以是整个系统的 I/O 高度并行，使得系统的整体性能得到提高。

　　. GFS 采用中心服务器的模式来管理整个文件系统，这样可以大大简化设计，从而降低了实现的难度。Master 管理整个文件系统中的所有元数据。文件将被划分为几个数据块来存储，对于 Master 来说，每个 Chunk Server 只是一个存储空间。客户端所有发起的操作都需要先通过 Master 才能执行。这样做有很多好处。Chunk Server 只需要注册到 Master 上即可，与 Chunk Server 没有任何关系。如果采用无中心的、对等的模式，那么如何将 Chunk Server 的更新消息通知到每个 Chunk Server，将会是一个设计的难点。而这也将在一定程度影响系统的扩展性。Master 维护了一个统一的命名空间，同时也掌握了整个系统的 Chunk Server 的情况，根据它可以实现整个系统数据存储的负载平衡。由于只有一个中心的服务器，那么元数据的一致性也自然得到了解决。当然，中心服务器模式也会有一些固有的缺点。如 Master 很容易成为整个系统的瓶颈等。

　　2. 淘宝文件系统

　　淘宝文件系统（Taobao File System，TFS）是一个高可用、高可扩展、高性能、面向互联网服务的分布式文件系统，它主是针对海量的非结构化数据。它是构建在普遍的 Linux 机器集群中，可为外部提供高并发和高可靠的存储访问。TFS 是为淘宝提供的海量小文件存储系统，通常文件大小不超过 1MB。它是为了满足淘宝对小文件存储的需求而设计的，被广泛地应用在淘宝各项应用中。TFS 采用的 HA 架构和平滑扩容，保证了整个文件系统的可用性和扩展性。同时采用的扁平化的数据组织结构，可以将文件名映射到文件的物理地址，大大简化了文件访问流程，同时也在一定程度上为 TFS 提供了良好的读写性能。

一个 TFS 集群由一个 Name Server 节点（一主一备）和多个 Data Server 节点组成。这些服务程序都是作为一个用户级的程序运行在普通 Linux 机器上的。在 TFS 中，将大量的小文件（实际数据文件）合并成一个大文件，这个大文件称为块（Block），每个 Block 拥有在集群内唯一的编号（BlockID），在 Name Server 创建 Block 的时候分配，Name Server 维护 Block 与 Data Server 的关系。Block 中的实际数据都存储在 Data Server 上。而一台 Data Server 服务器一般会有多个独立 Data Server 进程存在，每个进程负责管理一个挂载点，这个挂载点一般是一个独立磁盘上的文件目录，以降低单个磁盘损坏带来的影响。Name Server 的主要功能是管理维护 Block 和 Data Server 的相关信息，包括 Data Server 加入、退出、心跳信息、Block 和 Data Server 的对应关系建立、解除。正常情况下，一个块会在 Data Server 上存在，主 Name Server 服务 Block 的创建、删除、复制、均衡和整理，Name Server 不负责实际数据的读写，实际数据的读写由 Data Server 完成。Data Server 主要功能是负责实际数据的存储和读写。同时为了考虑容灾，Name Server 采用的 HA 结构，即两台机器互为热备，同时运行，一台为主，一台为备，主机绑定到对外 VIP，提供服务；当主机器宕机后，迅速将 VIP 绑定至备份 Name Server，将其切换为主机，对外提供服务。图 7-6 中的 Heart Agent 就完成了此功能。TFS 系统架构如图 7-6 所示。

TFS 的块大小可以通过配置项来决定，通常使用的块大小为 64MB，TFS 的设计目标是海量小文件的存储，所以每个块中会存储许多不同的小文件。Data Server 的进程会将 Block 中的信息存放在和 Block 对应的 Index 文件中，这个 Index 文件一般都会全部加载在内存，除非出现 Data Server 服务器内存和集群中的所存放文件平均大小不匹配的情况。

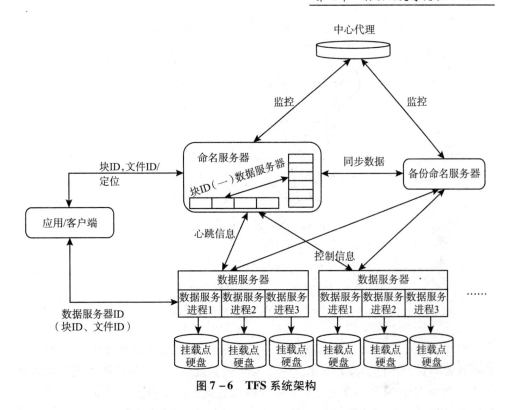

图7-6 TFS 系统架构

（三）并行数据处理技术 MapReduce

MapReduce 是 Google 提出的一个软件架构，它是一种处理海量数据的并行编程模型，用于大规模的数据集（通常大于 1TB）的并行计算。"Map（映射）"、"Reduce（化简）"的概念和主要的思想，都是从函数式编程语言和矢量编程语言借鉴而来的。由于 MapReduce 有函数式和矢量编程语言的共性，因此使得这种编程模型特别适合非结构化和结构化的海量数据的挖掘、分析、搜索和机器智能学习等。

1. 编程模型

MapReduce 的运行模型如图 7-7 所示。图片有 M 个 Map 操作和 R 个 Reduce 操作。

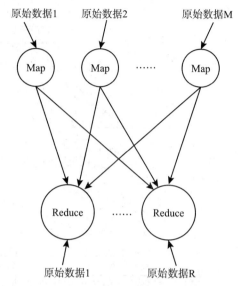

图 7-7　MapReduce 的运行模型

简单来说，一个 Map 函数就是对一部分原始的数据进行指定操作。每个 Map 的操作都是针对不同的原始数据。所以 Map 函数就是对一部分原始数据进行指定操作。每个 Map 的操作都是针对不同的原始数据，所以 Map 和 Map 之间是互相独立的，这样就可以使它们充分并行化。一个 Reduce 的操作就是对每个 Map 所产生的一部分中间结果作合并操作，每个 Reduce 所处理的 Map 中间结果都是不能互相交叉的，所有 Reduce 产生的最终结果经过简单的连接就形成了完整的结果集，所以 Reduce 也可以在并行环境下执行。

2. 实现机制

实现 MapReduce 操作的执行流程图，如图 7-8 所示。

当用户程序调用 MapReduce 函数时，就会引起下面的操作（图 7-8 中的数字标示和下面数字标示相同）。

①用户程序中的 MapReduce 函数库会首先把输入的文件分成 M 块，每块大概 16MB ~ 64MB（这个可以通过参数决定），接着在集群的机器上执行处理程序。

②这些分派的执行程序中有一个程序是比较特殊的，它是主控程序 Master。剩下的执行程序都是作为 Master 分派工作的 Worker（工作机）。总共有 M 个 Map 任务和 R 个 Reduce 任务是需要分派的，Master 会选择空闲的 Worker 来分配这些 Map 或者 Reduce 任务。

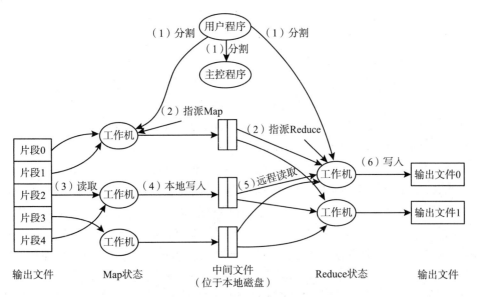

图 7 - 8 **MapReduce** 执行流程图

③一个分配了 Map 任务的 Worker 会读取且处理相关的输入块。它处理输入数据，且将分析出的 < key，value > 对传给用户定义的 Map 函数。Map 函数产生的中间结果 < key，value > 对会暂时缓冲到内存。

④这些缓冲到内存的中间结果将会被定时地写到本地磁盘，这些数据会通过分区函数分成 R 个区。中间的结果在本地磁盘的位置信息将会被发送回 Master，然后 Master 服务把这些位置信息传递给 Reduce Worker。

⑤当 Master 通知 Reduce 的 Worker 关于中间 < key，value > 对的位置时，它会调用远程过程过来从 Map Worker 的本地磁盘上读取缓冲的中间数据。当 Reduce Worker 读到所有中间数据，它就使用中间的 key 进行排序，这样可以使相同的 key 的值都在一起。由于有许多不同 key 和 Map 都对应相同的 Reduce 任务，因此排序是必需的。如果中间结果集过于大，就要用外排序。

⑥Reduce Worker 会根据每一个唯一的中间 key 来遍历所有排序后的中间数据，并且把 key 和相关中间结果值的集合传给用户定义的 Reduce 函数。Reduce 函数的结果会输出到一个最终的输出文件。

⑦当所有的 Map 任务和 Reduce 任务都完成的时候，Master 会激活用户程序。这时 MapReduce 会返回用户程序的调用点。

四、云计算的主要服务形式

云计算蓬勃发展，有各类厂商在开发不同的云计算服务，它的表现形式多种多样。简单的云计算在人们日常网络应用中随处可见，如腾讯 QQ 空间提供的在线制作 Flash 图片、Google 的搜索服务、Google Doc 和 Google Apps 等。目前，云计算的主要形式有：SaaS（Software as a Service）、PaaS（Platform as a Service）和 IaaS（Infrastructure as a Service）。

（一）软件即服务（SaaS）

SaaS 服务提供商将应用软件统一部署在自己的服务器上，用户根据需求通过互联网向厂商订购应用软件服务，服务提供商根据客户所定软件的数量、时间的长短等因素收费，并且通过浏览器向客户提供软件的模式。这种服务模式的优势是，由服务提供商维护和管理软件、提供软件运行的硬件设施，用户只须拥有能够接入互联网的终端，即可以随时随地使用服务。在这种模式下，客户不再像传统模式那样花费大量资金在硬件、软件和维护人员上，只需要支出一定的租赁服务费用，通过互联网就可以享受到相应的硬件、软件和维护服务，这是网络应用最具效益的营运模式。对于小型企业来说，SaaS 是采用先进技术的最好途径。

以企业管理软件来说，SaaS 模式的云计算 ERP 可以让客户根据并发用户数量、所用功能多少、数据存储容量、使用时间长短等因素的不同组织按需支付服务费用。既不需要支付软件许可费用、采购服务器等硬件设备费用，也不需要支付购买操作系统、数据库等平台软件费用，也不用承担软件项目定制、开发、实施费用和承担 IT 维护部门开支费用，实际上云计算 ERP 正是继承了开源 ERP 免许可费用，只收服务费用的最重要特征，是突出了服务的 ERP 产品。

目前，Salesforce. com 是提供这类服务最有名的公司，Google Doc，Google Apps 和 Zoho Office 也属于这类服务。

（二）平台即服务（PaaS）

把开发环境作为一种服务来提供。这是一种分布式平台服务，厂商提供开发环境、服务器平台、硬件资源等服务给客户，用户在其平台基础上定制开发自己的应用程序并通过其服务器和互联网传递给其他用户。PaaS 能够给企业或个人提供研发的中间件平台，提供应用程序开发、数据库、应用服务器、试验、托管及应用服务。

Google App Engine、Salesforce 的 force. com 平台、八百客的 800APP 是 PaaS 的代表产品。以 Google App Engine 为例，它是一个由 python 应用服务器群、Big-Table 数据库及 GFS 组成的平台，为开发者提供一体化主机服务器及可自动升级的在线应用服务。用户编写应用程序在 Google 的基础架构上运行就可以为互联网用户提供服务，Google 提供应用运行及维护所需要的平台资源。

（三）基础设施即服务（IaaS）

IaaS 即把厂商的由多台服务器组成的"云端"基础设施，作为计量服务提供给客户。它将内存、I/O 设备、存储和计算能力整合成一个虚拟的资源池为整个业界提供所需要的存储资源和虚拟化服务器等服务。这是一种托管型硬件方式，用户付费使用厂商的硬件设施。例如，Amazon Web 服务（AWS）、IBM 的 Blue Cloud 等均是将基础设施作为服务出租。

IaaS 的优点是用户只须低成本硬件，按需租用相应计算能力和存储能力，大大降低了用户在硬件上的开销。

以 Google 云应用最具代表性，例如 Google Docs、Google Apps、Google Sites，云计算应用平台 Google App Engine。

Google Docs 最早推出的云计算应用，是软件即服务思想的典型应用。它类似于微软 Office 的在线办公软件。它可以运行网络的文字处理和电子表格程序，可提高协作效率，多名用户同时在线更改文件，并可以实时看到其他成员所做的编辑。用户只须一台接入互联网的计算机和可以使用 Google 文件的标准浏览器即可实现在线创建和管理、实时协作、权限管理、共享、搜索能力、修订历史记录功能，以及随时随地访问的特性，大大提高了文件操作的共享和协同能力。

Google APPs 是 Google 企业应用套件，使用户能够处理日渐庞大的信息量，随时随地保持联系，并可与其他同事、客户和合作伙伴进行沟通、共享和协作。它集成的 Gmail、Google Talk、Google 日历、Google Docs 以及最新推出的云应用 Google Sites、API 扩展以及一些管理功能，包含了通信、协作与发布、管理服务三方面的应用，并且拥有着云计算的特性，能够更好地实现随时随地协同共享。另外，它还具有低成本的优势和托管的便捷，用户无须自己维护和管理搭建的协同共享平台。

Google Sites 是 Google 最新发布的云计算应用，作为 Google Apps 的一个组件出现。它是侧重于团队协作的网站编辑工具，可利用它创建一个各种类型的团队网站，通过 Google Sites 可将所有类型的文件，包括文档、视频、相片、日历及附件等与好友、团队或整个网络分享。

Google App Engine 是 Google 在 2008 年 4 月发布的一个平台，用户可以在 Google 的基础架构上开发和部署运行自己的应用程序。目前，Google App Engine 支持 Python 语言和 Java 语言，每个 Google App Engine 应用程序可以使用达到 500MB 的持久存储空间及可支持每月 500 万综合浏览量的带宽和 CPU。并且，

Google App Engine 应用程序易于构建和维护，并可根据用户的访问量和数据存储需要轻松扩展。同时，用户的应用可以和 Google 的应用程序集成，Google App Engine 还推出了软件开发套件（SDK），包括可以在用户本地计算机上模拟所有的 Google App Engine 服务的网络服务器应用程序。

总之，物联网的发展离不开云计算的支撑，从数量上看，物联网将使用数量惊人的传感器（如数以亿万计的 RFID、智能设备和视频监控等），采集到的数据量惊人。这些数据需要通过无线传感网、宽带互联网向某些存储和处理设施汇聚，而使用云计算来承载这些任务具有非常显著的性价比优势；使用云计算设施对这些数据进行处理、分析和挖掘，可以更加迅速、准确、智能地对物理世界进行管理和控制，使人类可以更加及时、精细地管理物理世界，从而达到"智慧"的状态，大幅提高资源利用率和社会生产力水平；云计算凭借其强大的处理能力、存储能力和极高的性能价格比，很自然就会成为物联网的后体支撑平台；物联网将成为云计算最大的用户，为云计算取得更大的商业成功奠定基石。

第二节 中 间 件

一、中间件的概念

计算机硬件和软件技术不断发展，在硬件方面，CPU 速度越来越高，处理能力越来越强；在软件方面，应用程序的规模不断扩大，特别是 Internet 及万维网的出现；使计算机的应用范围更为广阔，许多应用程序需要在网络环境的异构平台上运行。这一切都对新一代的软件开发提出了新的需求。在这种分布异构环境中，通常存在多种硬件系统平台（如 PC、工作站、小型机等），在这些硬件平台上又存在各种各样的系统软件（如不同的操作系统、数据库、语言编译器等），以及多种风格各异的用户界面，这些硬件系统平台还可能采用不同的网络协议和网络体系结构连接。如何把这些系统集成起来并开发新的应用是一个非常现实而困难的问题。

中间件的定义：

在众多关于中间件定义中，比较普遍被接受的是 IDC 表述的：中间件是一种独立的系统软件或服务程序，分布式应用软件借助这种软件在不同的技术之间共享资源，中间件位于客户机服务器的操作系统上，管理计算资源和网络通信。

IDC 对中间件的定义表明，中间件是一类软件，而非一种软件；中间件不仅要实现互联，还要实现应用之间的互操作；中间件是基于分布式处理的软件，最突出的特点是其网络通信功能。

　　中间件是位于平台和应用之间的通用服务，如图 7 - 9 所示。这些服务具有标准程序接口和协议。针对不同的操作系统和硬件平台，可以有符合接口和协议的多种实现。比如，物联网数据处理平台应该是一种可扩展的开放性物联网中间件软件平台，支持"不同厂家、不同型号、不同通信方式、不同通信协议、不同数据格式"的物联网 RFID 终端设备，为应用软件提供基于 SQL 标准的表数据调用，屏蔽识读器非标准化协议，带来开发、维护和扩展的限制。

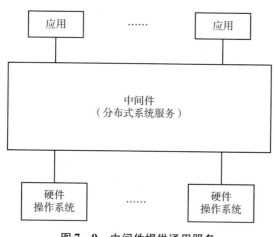

图 7 - 9　中间件提供通用服务

　　最早具有中间件技术思想及功能的软件是 IBM 的 CICS，但由于 CICS 不是分布式环境的产物，因此人们一般把 Tuxedo 作为第一个严格意义上的中间件产品。Tuxedo 是 1984 年在当时属于 AT&T 的贝尔实验室开发完成的，但由于分布式处理当时并没有在商业应用上获得像今天一样的成功，因此 Tuxedo 在很长一段时间里只是实验室产品，后来被 Novell 收购，在经过 Novell 并不成功的商业推广之后，1995 年被现在的公司收购。

　　尽管中间件的概念很早就已经产生，但中间件技术的广泛运用却是在最近10 年之中。BEA 公司 1995 年成立后收购 Tuxedo 才成为一个真正的中间件厂商，IBM 的中间件 MQSeries 也是 20 世纪 90 年代的产品，其他许多中间件产品也都是近年来渐渐成熟起来的。国内在中间件领域的起步阶段正是整个世界范围内中间件的初创时期。

二、中间件的作用与特点

由于物联网世界是开放的、可成长的和多变的，分布性、自治性、异构性已经成为其固有特征。实现信息的综合集成，是一个物联网的基本需求，也直接反映整个物联网的发展水平。中间件通过网络互联、数据集成、应用整合、流程衔接、用户互动等形式，已经成为大型网络应用系统开发、集成、部署、运行与管理的关键支撑软件，当然也是物联网发展的关键支撑技术。

中间件已经成为许多标准化工作的主要部分，这是由于标准接口对于可移植性和标准协议对于互操作性是非常重要的。对于应用软件开发，中间件远比操作系统和网络服务更为重要，中间件提供的程序接口定义了一个相对稳定的高层应用环境，不管底层的计算机硬件和系统软件怎样更新换代，只要将中间件升级更新，并保持中间件对外的接口定义不变，应用软件几乎不需要任何修改，从而保护了企业在应用软件开发和维护中的重大投资。

中间件带给应用系统的不只是开发的简便、开发周期的缩短，也减少了系统的维护、运行和管理的工作量，还减少了计算机总体费用的投入。由于采用了中间件技术，应用系统的总建设费用可以减少 50% 左右。在网络经济、电子商务大发展的今天，从中间件中获得利益的不只是 IT 厂商，IT 用户同样是赢家。

中间件作为新层次的基础软件，其重要作用是将不同时期、在不同操作系统上开发的应用软件集成起来，彼此像一个天衣无缝的整体协调工作，这是操作系统、数据库管理系统本身做不了的。中间件的这一作用，使得在技术不断发展之后，以往在应用软件上的劳动成果仍然物有所用。节约了大量的人力、财力投入。

中间件具有如下的特点：①满足大量应用的需要；②运行于多种硬件和 OS 平台；③支持分布计算，提供跨网络、硬件和 OS 平台的透明性的应用或服务的交互；④支持标准的协议；⑤支持标准的接口。

三、中间件的分类

中间件包括的范围十分广泛，针对不同的应用需求涌现出多种各具特色的中间件产品。但至今中间件还没有一个比较精确的定义。因此，在不同的角度或不同的层次上，对中间件的分类也会有所不同。由于中间件需要屏蔽分布环境中异构的操作系统和网络协议，它必须能够提供分布环境下的通讯服务，这种通讯服务称为平台。基于目的和实现机制的不同，可以将平台分为以下主要几类。

（一）远程过程调用

远程过程调用（Remote Procedure Call，RPC）是一种广泛使用的分布式应用程序处理方法；一个应用程序使用 RPC 来"远程"执行一个位于不同地址空间里的过程，并且从效果上看和执行本地调用相同。事实上，一个 RPC 应用分为两个部分；服务器和客户端。服务器提供一个或多个远程过程；客户端向服务器发出远程调用。服务器和客户端可以位于同一台计算机，也可以位于不同的计算机，甚至运行在不同的操作系统上，它们通过网络进行通讯，从而屏蔽不同的操作系统和网络协议。在这里，RPC 通讯是同步的。采用线程可以进行异步调用。

　　在 RPC 模型中，客户端和服务器只要具备了相应的 RPC 接口，并且具有RPC 运行支持，就可以完成相应的互操作，而不必限制于特定的服务器。因此，RPC 为客户端/服务器分布式计算提供了有力的支持。同时，RPC 所提供的是基于过程的服务访问，客户端与服务器进行直接连接，没有中间机构来处理请求，因此也具有一定的局限性。比如，RPC 通常需要一些网络服务以定位服务器；在客户端发出请求的同时，要求服务器必须是活动的等等。

　　（二）**面向消息的中间件**

　　面向消息的中间件（Message Oriented Middleware，MOM）指的是利用高效、可靠的消息传递机制进行与平台无关的数据交流，并基于数据通信来进行分布式系统的集成。通过提供消息传递和消息排队模型，它们可在分布环境下扩展进程间的通信，并支持多通讯协议、语言、应用程序、硬件和软件平台。目前流行的MOM 中间件产品有 IBM 的 MQ，BEA 的 MessageQ 等。

　　消息传递和排队技术有以下三个主要特点：

　　①通讯程序可在不同的时间运行：程序不在网络上直接相互通话，而是间接地将消息放入消息队列，因为程序间没有直接的联系，所以它们不必同时运行。消息放入适当的队列时，目标程序甚至根本不需要正在运行；即使目标程序正在运行，也不意味着要立即处理该消息。

　　②对应用程序的结构没有约束：在复杂的应用场合中，通讯程序之间不仅可以是一对一的关系，还可以是一对多或多对一方式，甚至是上述多种方式的组合。多种通讯方式的构造并没有增加应用程序的复杂性。

　　③程序与网络复杂性相隔离：程序将消息放入消息队列或从消息队列中去除消息来进行通讯和与此关联的全部活动，比如维护消息队列、维护程序和队列之间的关系、处理网络的重新启动和在网络中移动消息等是 MOM 的任务，程序不直接与其他程序通话，并且它们不涉及网络通信的复杂性。

　　（三）**对象请求代理**

　　随着对象技术与分布式计算技术的发展，两者相互结合形成了分布对象计算，并发展为当今软件技术的主流方向。1990 年底，对象管理组织（Object Management Group，OMG）首次推出对象管理结构（Object Management Architecture，OMA）。对象请求代理（Object Request Broker，ORB）是这个模型的核心组件，它的作用在于提供一个通信框架，透明地在异构的分布计算中传递对象请求。CORBA 规范包括了 ORB 的所有标准接口。1991 年推出的 CORBA 1.1 定义了接口描述语言 OMG IDL 和支持客户端/服务器对象在具体的 ORB 上进行互操作的 API；CORBA 2.0 规范描述的是不同厂商提供的 ORB 之间的互操作。

对象请求代理（ORB）是对象总线，它在 CORBA 规范中处于核心地位，定义异构环境下对象透明地发送请求和接收响应的基本机制，是建立对象之间客户端/服务器关系的中间件。ORB 使得对象可以透明地向其他对象发出请求或接受其他对象的响应，这些对象可以位于本地也可以位于远程机器。ORB 拦截请求调用，并负责找到可以实现请求的对象、传送参数、调用相应的方法、返回结果等。客户端对象位于何处，它是用何种语言、使用什么操作系统或者其他不属于对象接口的系统成分。

值得指出的是，客户端和服务器角色只是用来协调对象之间的相互作用，根据相应的场合，ORB 上的对象可以是客户端，也可以是服务器。大部分的对象都是既扮演客户端角色又扮演服务器角色。另外，对于 ORB 负责对象请求的传送和服务器的管理，客户端和服务器之间并不直接连接，因此，与 RPC 所支持的单纯的客户端/服务器结构相比，ORB 可以支持更加复杂的结构。

（四）事务处理监控

事务处理监控（Transaction Processing Monitors）最早出现在大型机上，为其提供支持大规模事务处理的可靠运行环境。随着分布计算技术的发展，分布应用系统对大规模的事务处理提出的需求，如商业活动中大量的关键事务处理。事务处理监控介于客户端与服务器之间，进行事务管理与协调、负载平衡、失败恢复等，以提高系统的整体性能。它可以被看作是事务处理应用程序的"操作系统"。

总体来说，事务处理监控有以下功能：

①进程管理，包括启动服务器进程，为其分配任务，监控其执行并对负载进行平衡。

②事务管理，即保证在其监控下的事务处理的原子性、一致性、独立性和持久性。

③通讯管理，为客户端和服务器之间提供的多种通讯机制，包括请求响应、会话、排队、订阅发布和广播等。

事务处理监控能够为大量的客户端提供服务，如飞机订票系统。如果服务器为每一个客户端都分配其所需要的资源，那么服务器将不堪重负。实际上，同一时刻并不是所有的客户端都需要请求服务，而一旦某个客户端请求了服务，它希望得到快速的响应。事务处理监控在操作系统中提供一组服务，对客户端请求进行管理并为其分配相应的服务进程，使服务器在有限的系统资源下能够高效地为大规模的客户提供服务。

四、物联网中间件的架构

图 7-10 给出了一个"物联网企业信息交互的中间件"架构，它采用了前面提到的 4 类中间件的特点：远程对象调用、面向消息的中间件、对象代理和事务管理。

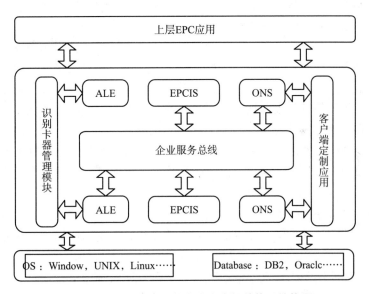

图 7-10 物联网企业信息交互中间件体系结构图

远程对象调用：中间件开发过程当中的主流技术就是 J2EE 技术，而 J2EE 技术是基于 CORBAR 和 RMI 的，远程对象调用是 J2EE 项目的主要调用方法。

面向消息的中间件：在实现中间件的过程中，Java 消息服务（Java Message Service，JMS）是实现其中重要功能模块的主要技术。这样有利于以后系统的集成和整合。

对象代理：CORBAR 技术和 SOA 设计理念都涉及了对象代理和服务总线的

概念，而在中间件开发的后期，将会以 SOA 的形式通过 Web Service 发布在企业服务总线上，方便客户端的调用。

事务管理：J2EE 当中的 EJB 技术明确地规范了事物操作和事务管理，并且有相应的 J2EE 容器来管理中间件当中的事务。

五、中间件的发展

中间件能够屏蔽操作系统和网络协议的差异，为应用程序提供多种通讯机制，并提供相应的平台以满足不同领域的需要。因此，中间件为应用程序提供了一个相对稳定的高层应用环境。然而，中间件所遵循的一些原则与实际还有很大距离。多数流行的中间件服务使用专有的 API 和专有的协议，使得应用建立于单一厂家的产品，从而使来自不同厂家的产品很难互操作。有些中间件服务只提供了一些平台的实现，从而限制了应用在异构系统之间的移植。应用开发者在这些中间件服务上建立自己的应用还要承担相当大的风险，随着技术的发展，往往还需要重写他们的系统。尽管中间件服务提高了分布计算的抽象化程度，但应用开发者还需要面临许多艰难的设计选择。例如，开发者需要决定分布应用在客户端和服务器的功能分配。通常将表示服务放在客户端，以方便用设备显示，将数据服务放在服务器端以靠近数据库，但也并非总是如此，何况其他应用功能如何分配也是不容易确定的。

物联网的中间件的具体形状还难以确定，但有专家认为中间件技术的主题仍将继续被采用，可能的发展方向是图形化表达技术，拓展现有中间件的 SOA、ESB、Web Service、SaaS 等功能。

另外，海量的数据库资源需要连接并彼此关联，为了解决资源的共享程度和所用技术之间差异性的关键需求，要求灵活、动态的中间件能够基本支持"零编程部署"。

目前，物联网中间件技术的研究受以下两方面的制约：

第一是受限于底层不同的网络技术和硬件平台，研究内容集中于底层的感知和互联互通方面，距离现实目标包括屏蔽底层硬件及网络平台差异，支持物联网应用开发、运行时共享和开放互联互通，保障物联网相关系统的可靠部署与可靠管理等还有很大差距。

第二是当前物联网应用复杂度和规模还处于初级阶段，支持大规模物联网应用还存在环境复杂多变、异构物理设备、远距离多样式无线通信、大规模部署、海量数据融合、复杂事件处理、综合运维管理等诸多问题需要攻克。

第三节 物联网安全

一、物联网安全基础

信息与网络安全的目标是要达到被保护信息的机密性（Confidentiality）、完整性（Integrity）和可用性（Availability）。在互联网的早期阶段，人们更关注基础理论和应用研究，随着网络和服务规模的不断增大，安全问题不断凸显，引起了人们的高度重视，相继推出了一些安全技术，如入侵检测系统、防火墙、PKI等。物联网的研究与应用处于初级阶段，很多的理论与关键技术有待突破，特别是与互联网和移动通信网相比，还没有展示出令人信服的实际应用，我们将从互联网的发展过程来探讨物联网的安全问题。

1. 物联网安全特征

从物联网的信息处理过程来看，感知信息经过采集、汇聚、融合、传输、决策与控制等过程，整个信息处理的过程体现了物联网安全的特征与要求，也揭示了所面临的安全问题。

一是感知网络的信息采集、传输与信息安全问题。感知节点呈现多源异构性，感知节点通常情况下功能简单（如自动温度计）、携带能量少（使用电池），使得它们无法拥有复杂的安全保护能力，而感知网络多种多样，从温度测量到水文监控，从道路导航到自动控制，它们的数据传输和消息也没有特定的标准，所以没法提供统一的安全保护体系。

二是核心网络的传输与信息安全问题。核心网络具有相对完整的安全保护能力，但是由于物联网中节点数量庞大，且以集群方式存在，因此会导致在数据传播时，由于大量机器的数据发送使网络拥塞，产生拒绝服务攻击。此外，现有通信网络的安全架构都是从人通信的角度设计的，对以物为主体的物联网，要建立适合于感知信息传输与应用的安全架构。

三是物联网业务的安全问题。支撑物联网业务的平台有着不同的安全策略，如云计算、分布式系统、海量信息处理等，这些支撑平台要为上层服务管理和大规模行业应用建立起一个高效、可靠和可信的系统，而大规模、多平台、多业务类型使物联网业务层次的安全面临新的挑战，是针对不同的行业应用建立相应的安全策略，还是建立一个相对独立的安全架构？

另外，可以从安全的机密性、完整性和可用性来分析物联网的安全需求。信息隐私是物联网信息机密性的直接体现，如感知终端的位置信息是物联网的重要信息资源之一，也是需要保护的敏感信息。另外在数据处理过程中同样存在隐私保护问题，如基于数据挖掘的行为分析等。要建立访问控制机制，控制物联网中信息采集、传递和查询等操作，不会由于个人隐私或机构秘密的泄露而造成对个人或机构的伤害。信息的加密是实现机密性的重要手段，由于物联网的多源异构性，使密钥管理显得更为困难，特别是对感知网络的密钥管理是制约物联网信息机密性的瓶颈。

2. 物联网安全架构

图 7-11 显示了物联网的层次架构，感知层通过各种传感器节点获取各类数据，包括物体属性、环境状态、行为状态等动态和静态信息，通过传感器网络或射频阅读器等网络和设备实现数据在感知层的汇聚和传输；传输层主要通过移动通信网、卫星网、互联网等网络基础实施，实现对感知层信息的接入和传输；支撑层是为上层应用服务建立起一个高效可靠的支撑技术平台，通过并行数据挖掘处理等过程，为应用提供服务，屏蔽底层的网络、信息的异构性；应用层是根据用户的需求，建立相应的业务模型，运行相应的应用系统。在各个层次中安全和管理贯穿于其中。

应用层	智能交通、环境监测、内容服务等
支撑层	数据挖掘、智能计算、并行计算、云计算等
传输层	WiMAX、GSM、3G通信网、卫星网、互联网等
感知层	RFID、二维码、传感器、红外感应等

图 7-11 物联网的层次结构

针对物联网的层次架构，图 7-12 给出了物联网在不同层次可以采取的安全。以密码技术为核心的基础信息安全平台及基础设施建设是物联网安全，特别是数据隐私保护的基础，安全平台同时包括安全事件应急响应中心、数据备份和灾难恢复设施、安全管理等。安全防御技术主要是为了保证信息的安全而采用的一些方法，在网络和通信传输安全方面，主要针对网络环境的安全技术，如VPN、路由等，实现网络互联过程的安全，旨在确保通信的机密性、完整性和可用性。而应用环境主要针对用户的访问控制与审计，以及应用系统在执行过程中产生的安全问题。

| 应用环境安全技术：可信终端、身份认证、访问控制、安全审计等 |
| 网络环境安全技术：无线网安全、虚拟专用网、传输安全、安全路由、防火墙、安全域策略、安全审计等 |
| 信息安全防御关键技术：攻击监测、内容分析、病毒防治、访问控制、应急反应、战略预警等 |
| 信息安全基础核心技术：密码技术、高速密码芯片、PKI公钥基础设施、信息系统平台安全等 |

图 7 - 12 物联网安全技术架构

二、感知层安全问题

物联网感知层主要包括各种传感器等数据采集设备以及数据接入到网关之前的传感网络，主要解决对物理世界的数据获取的问题，以达到对数据全面感知的目的。目前的研究主要是基于 RFID 的物联网和基于 WSN（无线传感器网络）的物联网。

（一）基于 RFID 的物联网感知层的安全威胁

RFID 是物联网感知层常用的技术之一，针对 RFID 的安全威胁主要有：

（1）物理攻击：主要针对节点本身进行物理上的破坏行为，导致信息泄露、恶意追踪；

（2）信道阻塞：攻击者通过长时间占据信道导致合法通信无法传输；

（3）伪造攻击：伪造电子标签产生系统认可的合法用户标签；

（4）假冒攻击：在射频通信网络中，攻击者截获一个合法用户的身份信息后，利用这个身份信息来假冒该合法用户的身份入网；

（5）复制攻击：通过复制他人的电子标签信息，多次顶替别人使用；

（6）重放攻击：攻击者通过某种方法将用户的某次使用过程或身份验证记录重放或将窃听到的有效信息经过一段时间以后再传给信息的接收者，骗取系统的信任，达到其攻击的目的；

（7）信息篡改：攻击者将窃听到的信息进行修改之后再将信息传给接收者；

（8）安全隐私泄露：RFID 标签被嵌入任何物品中，比如人们的日常生活用品中，而用品的拥有者不一定能觉察，从而导致用品的拥有者不受控制地被扫描、定位和追踪，这不仅涉及技术问题，而且还将涉及法律问题。

（二）基于 WSN 的物联网感知层的安全威胁

无线传感网的感知层具有以下的特征：感知单元功能受限，特别是无线传感元器件；感知单元通常以群体为单元与外界网络连接，连接节点成为网关节点；

外界对感知网络内部节点的访问需要通过网关节点；节点之间需要认证和数据加密机制；网关节点可以不唯一；特殊传感网可能只有一个传感节点，同时也是网关节点；本身组成局部传感网，传感网通过网关节点与外网连接。

无线传感网感知层的安全威胁包括：

1. 传感网的普通节点被对方屏蔽（影响传感网的可靠性）；

①传感网的一个普通节点被对方捕获，但对方尚未能破解该节点与相邻内部节点的共享密钥；

②对方屏蔽该节点，使其功能丧失；

③该攻击的效果等价于破坏攻击或 DOS 攻击；

④如果多个节点被屏蔽，可能会影响剩余节点的连通性。

2. 传感网的普通节点被对方控制（掌握节点密钥）；

①传感网的一个普通节点被对方捕获，并且对方破解了该节点与相邻内部节点的共享密钥，包括可能与网关节点的共享密钥；

②途径该节点的所有数据可以被对方掌握；

③对方可以伪造数据并将伪造数据传给邻居节点；

④传感网需要通过信任值和行为模型等方法，识别一个节点是否可能被对方控制，从而将对方节点隔离。

3. 传感网的网关节点被对方控制（安全性全部丢失）；

①传感网的一个网关节点被对方捕获，并且对方破解了该节点的密钥，包括网络端的共享密钥，以及与内部节点的共享密钥，这种情况很少发生；

②所有传输给网关节点的数据可以被对方掌握；

③对方可以伪造数据通过该网关节点传给网络侧；

④此时传感网没有任何用途只有制造假冒数据的可能。如何识别一个传感器网络是否被对方掌握在某些特殊应用中非常重要。

4. 传感网的普通/网关节点受来自网络的 DOS 攻击；

①通常 DOS 攻击的目标是网关节点，但如果网关节点能力与传感网内部节点有明显区别，攻击目标也可能是内部某个特殊节点；

②如何识别区分正常访问和攻击数据包是一个技术挑战，因为识别过程本身就可能成为 DOS 攻击的牺牲品。

5. 传感信息窃听；

攻击者可轻易地对单个甚至多个通信链路间传输的信息进行窃听，从而分析出传感信息中的敏感数据。另外，通过传感信息包的窃听，还可以对无线传感器网络中的网络流量进行分析，推导出传感节点的作用等。

6. 确认欺骗攻击；

一些传感器网络路由算法依赖于潜在的或者明确的链路层确认。在确认欺骗攻击中，恶意节点窃听发往邻居的分组并欺骗链路层，使得发送者相信一条差的链路是好的或一个已死节点是活着的，而随后在该链路上传输的报文将丢失。

7. 虚假路由信息；

攻击者通过欺骗、篡改或重发路由信息，可以创建路由循环，引起或抵制网络传输，延长或缩短源路径，形成虚假错误消息，分割网络，增加端到端的延迟，耗尽关键节点能源等。

8. 接入到物联网的超大量传感节点的标识、识别、认证和控制问题。

三、传输层安全问题

传输层主要包括信息存储查询、网络管理等功能，是建立在现有的移动通信网和互联网的基础之上，主要通过移动通信网、互联网、专业网（如国家电力数据网、广播电视网）、小型局域网及三网融合通信平台（跨越单一网络架构）等网络对数据进行传输。物联网的特点之一是存在海量节点和海量数据，这就必然会对传输层的安全提出更高要求。虽然目前的核心网络具有相对完整的安全措施，但是当面临海量、集群方式存在的物联网节点的数据传输需求时，很容易导致核心网络拥塞，产生拒绝服务。另外由于在物联网传输层存在不同架构的网络需要相互连通，因此传输层将面临异构网络跨网认证等安全问题，容易遭受攻击。物联网传输层的安全威胁包括：

（1）垃圾数据传播（垃圾邮件、病毒等）；
（2）中间人攻击、假冒攻击、异步攻击、合谋攻击等；
（3）DDoS 攻击，来源于互联网，可扩展到移动和无线网；
（4）跨异构网络的攻击；
（5）针对三网融合平台的攻击。

四、应用层安全问题

应用层主要包括应用支撑子层和应用服务子层，利用经过分析处理的感知数据，为用户提供如信息协同、共享、相互通信等跨行业、跨应用的物联网感知层的典型设备。

物联网应用层面临的安全问题包括：
（1）应用层安全漏洞；
（2）海量数据的识别和处理；

（3）灾难控制和恢复；

（4）非法人为干预。

传统的骨干网络交换设备都是基于第二层和第三层网络结构设计，它们为网络提供了基础的架构。近年来，随着网络应用的不断发展，更多的功能和服务都是通过第 4～7 层网络实现。随着网络应用不断增多，安全问题变得越来越重要，针对网络应用层的病毒、黑客以及漏洞攻击不断爆发，目前面临的安全挑战也主要集中在应用层。应用层面临的威胁主要包括：病毒、蠕虫、木马、远程攻击、人员威胁等。

物联网的应用层实现的是各种具体应用业务，它所涉及的安全威胁主要来自以下几个方面：

（1）如何实现用户隐私信息的保护，同时又能正确认证用户信息；

（2）不同访问权限如何对同一数据库内容进行筛选；

（3）信息泄露如何追踪问题；

（4）电子产品和软件的知识产权保护问题；

（5）恶意代码以及各类软件系统的漏洞和设计缺陷，黑客病毒也是物联网应用系统的重要威胁；

（6）海量数据信息处理和业务控制策略方面的相关技术还存在着安全性和可靠性问题。

五、物联网安全的关键技术

物联网作为一种多网络融合的网络，物联网安全涉及各个网络的不同层次，在这些独立的网络中已实际应用了多种安全技术，特别是移动通信网和互联网的安全研究已经历了较长的时间，但对物联网中的感知网络来说，由于资源的局限性，使安全研究的难度较大，本节主要针对传感网中的安全问题进行讨论。可以从以下几个方面研究：

（一）轻量级密钥管理关键技术

研究物联网环境中资源受限单元的密钥管理问题，包括轻量级密钥管理技术和资源非对称（当通信单元之一为资源受限而另一端资源较为丰富时）密钥管理机制，设计适合感知层和传输层的密钥管理方案并给出安全性分析。

（二）隐私信息保护

物联网隐私信息安全的主要问题是信息泄露和用户跟踪。信息泄露的一般解决方法就是在 RFID 标签上仅仅保存一个 ID，而将真正意义的信息存放在后台数据库中，必须通过 ID 来提取。但是这无法解决跟踪的实质问题，用户跟踪问题比较复杂，我们将重点研究采用适当的 ID 更新机制以及在物联网对象名解析服务查询时的匿名认证机制。

（三）感知层认证机制

认证安全与隐私安全相比较，受到的重视程度比较少。很多 RFID 安全协议都忽略了认证安全的重要性，许多 RFID 芯片都无法抵抗伪造攻击。成功克隆目标芯片只需要简单的阅读目标芯片，以后再重放就可以得到结果。我们将重点研究 RFID 读写器和标签之间的双向认证机制。

（四）传输层认证机制

包括的端点认证、跨域认证和跨网认证问题，重点研究移动节点的认证技术，并研究基于 IMSI（International Mobile Subscriber Identification Number 国际移动用户识别码）的跨网认证机制，解决不同无线通信网络所使用的不同 AKA（Authentication and Key Agreement，认证与密钥协商协议）机制对跨网认证带来的问题。更进一步的研究是争取在三网融合后的认证性、机密性、完整性、隐私性等安全问题，以及基于数据挖掘和融合推理的物联网安全态势感知技术等方面展开初步探索。

（五）传输层的数据机密性、数据完整性保护机制

传输层数据机密性要保证被传输的数据在传输过程中不泄露其内容，数据完整性要保证被传输数据在传输过程中不被非法篡改，或篡改容易被检测到。

习　　题

1. 简述云计算标准模型的体系结构。
2. 云计算有哪些关键技术？
3. 云计算有哪些主要服务形式？
4. 简述中间件的主要作用和特点。
5. 物联网安全的关键技术有哪些？

第八章　基于物联网的智慧校园设计

本章重点
● 智慧校园的设计与实现

本章通过基于物联网的智慧校园设计实例，指导学生学会综合运用物联网技术和系统开发的基本步骤和方法。

第一节　系统开发的必要性

目前物联网示范应用的方向之一就是与校园管理活动的融合，用于促进智慧校园、数字化校园的建设工作。大学是物联网应用最早、最为广泛的地方之一，小范围试点必将为今后物联网产业的发展打下坚实的基础。

随着高校扩招的加速，学生人数的增加与教室等高校现有固定资源的紧缺之间的矛盾日益凸显。学生常常肩背沉重的书包，游走于教学楼之间，寻找自习教室，刚拿出书本不久，成群的学生涌入教室，跟着进来的是教授……上课时间一到，学生只有两种无奈的选择：忍受"市井喧闹"坚守阵地，或者一走了之。

现有的教室资源都是人工管理的，在开学之初固定的安排好教室作为上课之用，学期中间如有变动或临时使用，改动十分困难，而学生为了自习的需要，无法方便灵活地查找到教室资源的使用情况，效率很低。

互联网技术与移动通信网络的不断深入发展以及计算机相关硬件设备的快速普及，促使了新一代网络技术——物联网的形成与发展，这将促进新一代智能数字校园的研究与建设。为有效地改善教室等高校资源的管理与分配，在研究物联网功能及其特征的基础上，设计开发了基于物联网的智慧校园管理系统。这套系统通过各种传感器技术对教室的使用情况、设备状态、人数等进行采集，并对采集的数据进行分析处理，把结果输出到计算机和手机等终端上，让教师或学生能随时随地地查阅教室的使用情况，为工作和学习创造方便快捷有利的条件，提高了教室使用的效率。

第二节 智慧校园管理系统的整体实现

随着现代高校教学活动节奏的加快，效率已经成为首要考虑因素，基于物联网的教室管理系统必将成为学校管理员、教师以及同学们重要的辅助工具。本智慧校园管理系统针对现实中存在的各种问题，设计了相应的解决功能，如表8－1所示。

基于物联网的智慧校园管理系统，包括信息采集、数据库管理和网站查询三个模块。信息采集部分采用 EasyARM1138 开发板，利用串口通信技术将外接于开发板的各种传感设备采集的实时动态信息存储于数据库中。网站的建设部分采用了黄金组合"Apache + MySQL + PHP"，在小型网站中充分体现了其体积小、速度快、总体成本低的优势。

表8－1　　　　　　　　　系统可以解决的现实问题

现实问题	相应功能设计
会议、讲座、社团等活动申请教室流程复杂、耗时、效率低	查询空教室及教室预定的功能
教室管理员管理教室的使用及检查工作繁复，效率很低	教室管理员网上管理教室的功能，查看教室设施使用状况，根据教室温度决定适时调整控温设施等
同学自习一座难求，找座耗时耗力，影响心情，影响学习，十分不便，不知该教室是否安静、适合学习	辅助找座（系统实时分析教室当前使用情况）的功能
宿舍学生集体外出，大型贵重物品无法携带，宿舍安全保障欠缺	宿舍防盗功能的设计（在宿舍无人时，若有非法人员进入，系统自动报警）
宿舍是人员的聚集地，火灾隐患严重	宿舍防火系统能及时对易燃烟雾辨别，若有易燃烟雾则系统自动报警

系统首先通过管理员端和一些传感技术，对教室的课程安排情况、设备使用情况、人数等信息进行采集并导入数据库，管理员、教师和学生分别通过管理员端和用户端登录系统，并进行教室使用情况的查询与维护。同时我们还提供了与 Web 具有完全相同功能的手机端服务，用户可以利用手机 Wap 上网进入该系统，手动输入网址，然后将该网址保存为标签，方便以后的访问，从而实现了随时随地查询教室使用情况的目的。

本系统包括模拟现实、数据库和网站三个部分，其整体系统结构如图 8－1

所示。

图 8-1　系统整体结构

　　该系统不仅可以查询学校教室、设备等资源的使用状况，提高资源的利用率，还可以进行宿舍防火防盗的监控，保证宿舍的安全，图 8-2 所示为该系统整体工作的示意图。

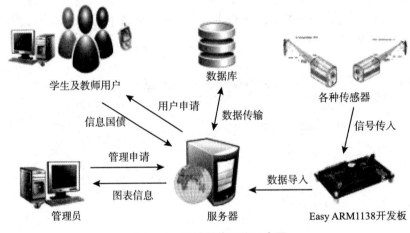

图 8-2　系统整体工作示意图

第三节　信息的采集

　　本系统信息采集层采用 EasyARM1138（如图 8-3 所示）作为核心开发器件。EasyARM1138 的核心 MCU 是 Luminary Micro 公司的 Stellaris（群星）系列 ARM 之 LM3S1138。内嵌 USB 仿真器的 Cortex-M3 开发板 EasyARM1138 具有强大的 MCU 内核和丰富的外设资源。

　　该系统信息采集层采用 EasyARM1138 开发板的外设接口来连接传感器，并使用 MCU 进行模数转化，处理后的信息通过串口通信线传输到数据库，完成信息采集。

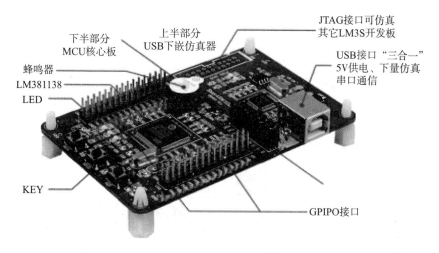

图 8-3 EasyARM1138 开发板

一、教室信息采集层

教室信息采集采用避障传感器、DHT11 数字温湿度传感器、DS18B20 温度传感器、P722-5R 光敏电阻器等传感器件，经处理得到的部分信息通过 LCD 液晶显示屏显示在教室入口处，并通过串口通信线实现上位机与下位机双向通信。教室采集模块如图 8-4 所示。

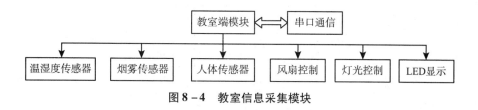

图 8-4 教室信息采集模块

(一) 人员进出教室的情况及人数记录

教室人员的进出情况和人数记录，通过避障传感器实现对人员的进出的判断。

师生进入宿舍判断说明：当人在室外时，A 点避障传感器检测有人，当人走进室内，B 点避障传感器再次检测到有人的时候，说明有人进入教室（如图 8-5 所示）。同理，当人外出的时候，B 点、A 点传感器先后检测有人通过，则说明有人外出。

图 8 – 5　教室人数统计模拟图

注：AB 避障传感器，C 为 LCD 液晶显示屏。

（二）液晶显示模块设计

显示模块采用带中文字库的 128 * 64 液晶屏，该模块接口方式灵活，操作指令简单、方便，可形成良好的人机交互界面。该显示屏放在教室门口显示教室内温度、湿度、剩余座位等信息供学生查看（液晶屏与开发板的连接如图 8 – 6 所示。）

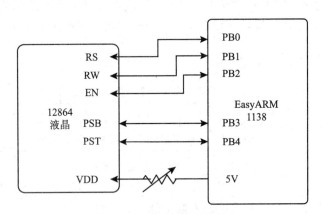

图 8 – 6　液晶开发板连接

（三）温度、湿度及光强的采集

温度采集采用 DS18B20 传感模块，其具有体积小，精度高，抗干扰力强，附加功能强等特点，检测精度可达 ±0.5 摄氏度，检测温度范围为 –55℃ ~ +125℃（–67℉ ~ +257℉），内置 EEPROM，具有限温报警功能。

湿度采集采用 DHT11 数字温湿度传感器，它应用专用的数字模块采集技术和温湿度传感技术，确保该产品具有极高的可靠性与卓越的长期稳定性。

光强采集采用 P722 - 5R 光敏电阻器，它的电阻值能随着外界光照强弱（明暗）的变化线性变化。

（四）其他模拟部分及电源供电

加热部分采用本小组自制的加热器，LED 灯模拟教室电灯。小型风扇模拟教室风扇，并与模拟加热器共同组成了教室温控装置。开关控制环节采用了继电器、二极管和三极管等器件。采用 9V 电池供电，将 9V 电池通过 7805 降压、稳压后给 EasyARM1138 开发板系统和其他器件供电。

二、宿舍防火、防盗信息采集层

宿舍端的信息采集使用了 MQ - 2 气体传感器、DYP - ME003 人体感应传感器等器件采集信息，通过串口通信线将采集到的信息传输到数据库供管理员和学生查询。宿舍端模拟图如图 8 - 7 所示。

宿舍端模块包含：温湿度传感器、门禁指示灯、人体传感器、报警指示灯、烟雾传感器等模块，数据通信采用串口通信。

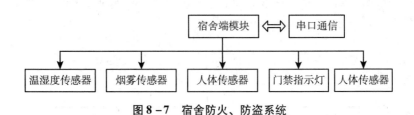

图 8 - 7　宿舍防火、防盗系统

（一）烟雾检测、人体检测与声光报警

烟雾检测采用 MQ - 2 气体传感器，此传感器可检测多种可燃性气体，是一款适合多种应用的低成本传感器。当传感器所处环境中存在烟雾时，传感器的电导率随烟雾浓度的增加而增大。使用简单的电路即可将电导率的变化转换为与该气体浓度相对应的输出信号。开发板检测到信息后，进行声光报警操作。

人体检测采用 DYP - ME003 人体感应模块，此感应模块是基于红外线技术的自动控制产品，灵敏度高，可靠性强，超低电压工作模式，感应距离为 7 米以内（可调）、感应角度 <100 度锥角。当人体处于其可检测范围内，则向开发板发送高电平信息，开发板检测到高电平信息后，进行声光报警操作。

当有人通过非法渠道进入室内，将发生声光报警，报警信息传送给控制端。宿舍管理员将采取相应处理措施。

（二）宿舍人员的进出情况、人数记录及温度、湿度监控

该部分同教室信息采集层相同。

（三）宿舍锁门提示

当宿舍最后的一名人员走出宿舍时，人数变为 0，宿舍端发出声光提示信号，同时宿舍端自动进入预警状态，并将信息传给数据库加以记录。

第四节　校园网数据库设计

数据库是服务器端的核心，数据库设计的合理与否对系统的制作有着至关重要的影响。系统的一大基本功能就是检索，主要包括用户信息检索、教师课表检索、教室课表检索、空闲教室检索、设备状况检索等。

本系统使用 MySQL 数据库，与 Apache 服务器和 PHP 语言形成黄金组合，在该作品网站建设中充分体现了其体积小、速度快、总体成本低，尤其是开放源码这一特点。

将采集到的信息存放在数据库中，对数据进行处理并用于查询，得到用户最终满意的结果。数据库的详细设计如图 8 - 8 所示，MySQL 数据库主要表的设计如图 8 - 9 所示。

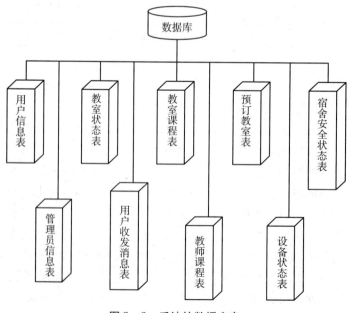

图 8 - 8　系统的数据库表

nysql > describe user;

Field	Type	Null	Key	Default	Extra
usernane	varchar<50>	YES		NULL	
password	varchar<50>	YES		NULL	
realnane	varchar<50>	YES		NULL	
email	varchar<100>	YES		NULL	
photo	varchar<50>	YES		NULL	
background	varchar<50>	YES		NULL	
backmus ic	varchar<50>	YES		NULL	
sex	varchar<10>	YES		NULL	
birthday	int<11>	YES		NULL	
words	varchar<100>	YES		NULL	

10 rows in set<0.05 sec>

（a）用户信息

nysql > describe classroom_status;

Field	Type	Null	key	Default	Extra
classroom_mumber	varchar<4>	YES		NULL	
total_seats	int<11>	YES		NULL	
used_seats	int<11>	YES		NULL	
temperature	float	YES		NULL	
humility	float	YES		NULL	
light	int<11>	YES		NULL	
light_status	varchar<4>	YES		NULL	
fan_status	varchar<4>	YES		NULL	
hot_status	varchar<4>	YES		NULL	
temperature_status	varchar<4>	YES		NULL	
ctrl	varchar<4>	YES		NULL	

11 rows in set <0.03 seee>

（b）设备状态

mysql > describe nick_message;

Field	Type	Null	key	Default	Extra
time	int<11>	YES		NULL	
_from	varchar<50>	YES		NULL	
head	varchar<50>	YES		NULL	
content	varchar<100>	YES		NULL	
statoe	int<11>	YES		NULL	

5 rows in set <0.03 sec>

（c）用户及教师收发信息

mysql > describe class_table_401;

Field	Type	Null	key	Default	Extra
week	int<11>	YES		NULL	
class1	varchar<40>	YES		NULL	
class2	varchar<40>	YES		NULL	
class3	varchar<40>	YES		NULL	
class4	varchar<40>	YES		NULL	

5 rows in set <0.03 sec>

（d）课程

mysq1 > describe order_classroom;

Field	Type	Null	key	Default	Extra
teacher	varchar<40>	YES		NULL	
time	int<11>	YES		NULL	
week	int<11>	YES		NULL	
classroom_number	varchar<8>	YES		NULL	
class	int<11>	YES		NULL	
reason	varchar<80>	YES		NULL	
subject	varchar<40>	YES		NULL	

7 rows in set <0.05 sec>

（e）预定教室信息

图 8 - 9 数据库主要表的设计

第五节 网 站 设 计

网页主要采用 PHP 语言编写，与 Apache 服务器紧密结合。适当地采用 Dreamweaver 和 JavaScript 进行页面特效的编写，使网页富有动感、朝气蓬勃，吸引用户的眼光，简约的页面风格表现了它的广泛的使用范围，稳定的系统凸显了网站的实用性，严谨的内部设计，增加了网站的安全性和可靠性。

一、网站的整体设计

该系统拥有良好的人机交互功能，当用户输入正确的用户名和密码，点击登录按钮时，系统会根据用户已注册的信息进入到不同权限的界面。

查询网站部分的整体设计如图 8 - 10 所示。

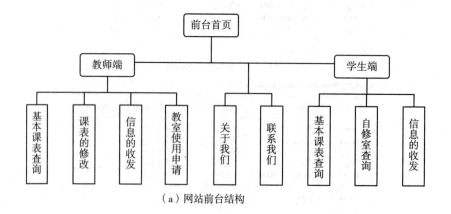

（a）网站前台结构

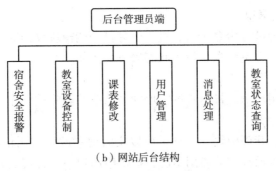

（b）网站后台结构

图 8 – 10　网站整体结构图

二、网站各个模块设计

（一）学生及教师用户模块

当进入学生用户模块时，学生可在这里进行个人信息管理和空闲教室查询等操作。学生还可根据课程来查询授课地点和授课教师，找到自己喜欢课程的上课时间、地点和授课老师，方便旁听该课程。输入教室号，可查询本教室本学期的课表。根据课表安排自己的学习作息时间。学生亦可如教师一样查询各教室的动态实时信息，从而找到最适合自己学习的地方，进而体现物联网这一优势，使用户可以在任何时间任何地点，均可以获取所要查询的实时信息。

当用户进入教师信息管理模块时，可通过该界面进行教师个人信息管理、查询课程安排和教室使用情况等操作。教师还可利用人数采集系统对已到人数和未到人数按需求作相应统计。通过该系统教师可查询该班学生何时无课，方便临时调课安排；还可查询各教学楼的空闲教室，进行教室预约，省去了到教务处查询的麻烦，便捷迅速。图 8 – 11 为用户主要功能示意图

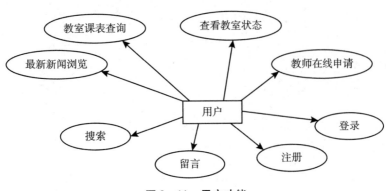

图 8 – 11　用户功能

（二）管理员模块

当用户以管理员身份登录时，进入管理员功能模块界面时，管理员可对学生信息、教师信息、教室信息、设备状态等进行操作。

1. 用户信息管理

管理员可对用户信息进行查询、增加、修改和删除等操作。

2. 教室信息管理

通过教室信息管理模块，管理员可以实时地对教室占用情况进行全面监控，用图表设计页面表示教室的使用情况，提供给用户一个直观的视觉效果，极大地方便教师、学生及其他用户实时地了解掌握此教学楼教室的使用情况。

通过设备维护信息对教室内的风扇、电灯、多媒体等器材的运行状况进行统计，及时对运行不良的设备进行维护，这样既方便师生更好地使用教室，同时也方便管理人员快速获取室内电子器材的运行状况，并能及时地维护有故障的设备。

习　题

根据所学物联网知识，构建一个简单的校园物联网。

参 考 文 献

［1］彭力．无线传感器网络技术［M］.冶金工业出版社，2011：32－85．

［2］周晓兴，王晓华．射频识别（RFID）技术原理与应用实例［M］.人民邮电出版社，2006：18－22．

［3］朱仲英．传感网与物联网的进展与趋势［J］.微型电脑应用，2010，26（1）：1－3．

［4］姚万华，关于物联网的概念及基本内涵［J］.中国信息界，2010（5）：22－23．

［5］甘志祥．物联网的起源和发展背景的研究［J］.现代经济信息，2010（1）：157－158．

［6］沈苏彬，范曲立，宗平等．物联网的体系结构与相关技术研究［J］.南京邮电大学学报（自然科学版），2009，29（6）：1－11．

［7］刘强，崔莉，陈海明．物联网关键技术与应用［J］.计算机科学，2010，37（6）：1－10．

［8］王保云．物联网技术研究综述［J］.电子测量与仪器学报，2009，23（12）：1－7．

［9］缪健熊，孟英．无线射频识别技术RFID及应用［J］.科技和产业，2005，5（11）：53－54．

［10］许艳红．浅析RFID技术及其应用［J］.河北北方学院学报，2009，25（2）：51－54．

［11］王权平，王莉．ZigBee技术及其应用［J］.现代电信科技，2004（1）：33－37．

［12］胡柯，郭壮辉，汪镭．无线通信技术ZigBee研究［J］.电脑知识与技术，2008，1（6）：1049－1050．

［13］马吉春，万博．WiFi技术及其应用［C］.2008世界通信大会中国射频通信分论坛，2008：90－94．

［14］陈文周．WiFi技术研究及应用［J］.数据通信，2008，（2）14－17．

［15］崔伟，赵伟．蓝牙技术及其应用［J］.电测与仪表，2002，39（434）：

8 – 10.

[16] 李伟峰，邵明珠．蓝牙技术及其应用 [J]．河南机电高等专科学校学报，2007，15 (6)：23 – 24.

[17] 刘静，赵迪．浅谈蓝牙技术 [J]．科技信息，2009 (3)：473.

[18] 马树才，范青．米海英．浅谈蓝牙技术及其发展 [J]．实验技术与管理，2006，23 (12)：76 – 78.

[19] 王慧娟，铁积智．无线通信精灵——蓝牙技术 [C]．射频识别和通信技术论坛，2007：96 – 101.

[20] 冀鹏郴．UWB 无线通信及其关键技术分析 [J]．科技情报开发与经济，2008，18 (14)：163 – 165.

[21] 张方奎，张春业．短距离无线通信技术及其融合发展研究 [J]．电测与仪表，2007，44 (10)：48 – 52.

[22] 蔡型，张思全．短距离无线通信技术综述 [J]．现代电子技术，2004，27 (3)：65 – 67.

[23] 陈全，邓倩妮．云计算及其关键技术 [J]．计算机应用，2009，29 (9)：2562 – 2567.

[24] 黄鹏，杨云志，李元忠．"物联网"推动 RFID 技术和通信网络的发展 [J]．电讯技术，2010 (3)：85 – 89.

[25] 李超．云计算理论及技术研究进展 [J]．科技创业月刊，2009.22 (12)：29 – 30.

[26] 张建勋，古志民，郑超，云计算研究进展综述 [J]．计算机应用研究，2010，27 (2)：429 – 433.

[27] 拓守恒．云计算与云数据存储技术研究 [J]．电脑开发与应用，2010，23 (9)：1 – 9.

[28] 诸瑾文，王艺．从电信运营商角度看物联网的总体架构和发展 [J]．电信科学，2010 (4)：1 – 5.

[29] 秦毅，彭力．基于 RFID 的超市物联网购物引导系统的设计与实现 [J]．计算机研究与发展，2010，47 (z2).

[30] 余雷．基于 RFID 电子标签的物联网物流管理系统 [J]．微计算机信息，2006 (01Z)：233 – 235.

[31] 徐刚，陈立平，张瑞瑞，等．基于精准灌溉的农业物联网应用研究 [J]．计算机研究与发展，2010，47 (z2).

[32] 金海，刘文超，韩建亭，等．家庭物联网应用研究 [J]．电信科学，

2010 (2)：10 – 13.

[33] 郭高伟. 浅谈物联网发展过程中智能家居行业的发展 [J]. 科技信息，2010 (23)：70.

[34] 盛魁祥. 浅谈物联网技术发展及应用 [J]. 现代商业，2010 (14)：153 – 154.

[35] 付航. 浅谈移动通信网与物联网技术的融合 [J]. 数字通信世界，2010 (6)：38 – 40.

[36] 陈荆花，王洁. 浅析手机二维码在物联网中的应用及发展 [J]. 电信科学，2010 (4)：39 – 43.

[37] 杨永志，高建华. 试论物联网及其在我国的科学发展 [J]. 中国流通经济，2010，24 (2).

[38] 侯赟慧，岳中刚. 我国物联网产业未来发展路径探析 [J]. 现代管理科学，2010 (2)：39 – 41.

[39] 吴浩. 无线移动通信与物联网应用分析 [J]. 电脑知识与技术，2010 (6)：19.

[40] 孙忠富，杜克明，尹首一. 物联网发展趋势与农业应用展望 [J]. 农业网络信息，2010 (5)：5 – 8.

[41] 刘强，崔莉，陈海明. 物联网关键技术与应用 [J]. 计算机科学，2010，37 (6)：1 – 4.

[42] 王羽，徐渊洪，杨红，等. 物联网技术在患者健康管理中的应用框架 [J]. 中国医院，2010，14 (8).

[43] 王常伟. 物联网技术在粮食物流中的应用前景分析 [J]. 粮食与饲料工业，2010 (8)：12 – 15.

[44] 王颖，周铁军，李阳. 物联网技术在林业信息化中的应用前景 [J]. 湖北农业科学，2010，49 (10).

[45] 王羽，蒋平，刘丽，等. 物联网技术在临床路径质量管理中的应用探讨 [J]. 中国医院，2010 (8)：10 – 11.

[46] 张锋，顾伟. 物联网技术在煤矿物流信息化中的应用 [J]. 中国矿业. 2010 (8).

[47] 朱哲学，吴昱南. 物联网技术在社会经济领域的应用分析 [J]. 当代经济，2010 (17)：36 – 37.

[48] 王粉花，年忻，郝国梁，等. 物联网技术在生命状态监测系统中的应用 [J]. 计算机应用研究，2010 (9)：3375 – 3377.

[49] 朱晓姝. 物联网技术在现代农业信息化中的应用研究——以广西玉林市为例 [J]. 沈阳师范大学学报 (自然科学版)，2010，3.

[50] 杨国斌，马锡坤. 物联网时代的医疗信息化及展望 [J]. 中国数字医学，2010 (8)：37 - 39.

[51] 冯宏华. 物联网时代对手机支付发展的探讨 [J]. 管理学家，2010，6.

[52] 黄海昆，邓佳佳. 物联网网关技术与应用 [J]. 电信科学，2010 (4)：20 - 24.

[53] 曾韬. 物联网在数字油田的应用 [J]. 电信科学，2010 (4)：25 - 32.

[54] 李野，王晶波，董利波，等. 物联网在智能交通中的应用研究 [J]. 移动通信，2010，34 (15)：30 - 34.

[55] 童晓渝，房秉毅，张云勇. 物联网智能家居发展分析 [J]. 移动通信，2010，34 (9)：16 - 20.

[56] 史敏锐. 移动通信网承载物联网业务的研究 [J]. 电信科学，2010 (4)：12 - 15.

[57] 彭力. 信息融合关键技术 [M]. 冶金工业出版社，2011：1 - 85.

[58] 刘云浩. 物联网导论 [M]. 科学出版社，2011.

[59] 马静，唐四元等. 物联网基础教程 [M]. 清华大学出版社，2012.